U0794185

中等职业学校示范专业项目建设成果教材

车工工艺与技能训练

主　编　刘　全　谢小明
副主编　陈永川　李　伟　涂振江
主　审　李茂泉　游　波

西南交通大学出版社
·成　都·

图书在版编目（C I P）数据

车工工艺与技能训练 / 刘全，谢小明主编. —成都：西南交通大学出版社，2020.12
ISBN 978-7-5643-7901-8

Ⅰ. ①车… Ⅱ. ①刘… ②谢… Ⅲ. ①车削－中等专业学校－教材 Ⅳ. ①TG510.6

中国版本图书馆 CIP 数据核字（2020）第 255449 号

Chegong gongyi yu Jineng Xunlian
车工工艺与技能训练

主编　刘 全　谢小明

责任编辑　罗在伟
封面设计　何东琳设计工作室

出版发行　西南交通大学出版社
（四川省成都市金牛区二环路北一段 111 号
西南交通大学创新大厦 21 楼）
邮政编码　610031
发行部电话　028-87600564　028-87600533
网址　http://www.xnjdcbs.com
印刷　四川森林印务有限责任公司

成品尺寸　185 mm × 260 mm
印张　11.5
字数　240 千
版次　2020 年 12 月第 1 版
印次　2020 年 12 月第 1 次
定价　38.00 元
书号　ISBN 978-7-5643-7901-8

课件咨询电话：028-81435775
图书如有印装质量问题　本社负责退换
版权所有　盗版必究　举报电话：028-87600562

前言

PREFACE

本书根据四川省中等职业学校示范（特色）专业建设项目规划和《四川省邻水县职业中学机械加工技术专业车工工艺与技能训练课程标准》(修订)、《四川省邻水县职业中学机械加工技术专业人才培养方案》等相关要求编写的。

本书在内容设置上，突出理论和实践相结合的特点，力求用最少的篇幅，精练的语言，由浅入深，以基于工作过程按项目式教学为体例进行编写，简化了相关理论基础的篇幅，对具体的操作步骤和操作要点作了详细讲述，力求技能训练与工艺理论知识相对应，有利于学生用理论知识指导操作，同时通过实际操作加深对理论知识的理解。本书引用了国家新标准、法定计量单位和新名词术语，其内容更加适应技术发展的需要。

本书编写的一个重要特色就是每个项目任务都提出了“三维”目标，以项目引领完成工作任务，落实“三维”目标，突出立德树人的根本任务。

本书由刘全、谢小明担任主编，陈永川、李伟、涂振江担任副主编，李茂泉、游波担任主审。其中，刘全编写项目 3、项目 5、项目 7 和附录，谢小明编写项目 1，陈永川编写项目 4、项目 6，李伟编写项目 2。为了方便教师教学，我们为使用本教材的师生提供了丰富的教学资源：

◆电子教案；

◆PowerPoint 多媒体课件；

◆习题库；

◆教学视频和微视频。

本书在编写过程中，得到了本专业教师的大力支持，参考了同层次同类型优秀教材，汲取了很多新的编写思路与技巧，编者在此表示衷心的感谢。最后望广大读者提出宝贵的批评意见及修改建议，以便不断完善。

编　者

2020 年 11 月

电子教案

习题库

数字资源索引

序号	二维码名称	资源类型	页码
1	电子教案	教案	
2	习题库	试题	
3	认识车床	PPT	002
4	车床介绍	视频	003
5	开关机转速练习	视频	006
6	光杆、丝杆快慢调节及查表	视频	006
7	车工安全操作规程	PPT	007
8	车床的日常保养	PPT	009
9	工件的装夹、装刀和对刀	PPT	012
10	常用量具的使用和保养	PPT	016
11	游标卡尺的使用	视频	016
12	千分尺的使用	视频	018
13	百分表的使用	视频	019
14	外圆车刀的刃磨 PPT	PPT	022
15	外圆车刀的刃磨 微视频	视频	022
16	砂轮机的介绍	视频	022
17	装刀、三角卡盘装工件	视频	032
18	车削台阶轴	PPT	032
19	试切	视频	032
20	长度尺寸控制	视频	032
21	直径尺寸控制	视频	032
22	切断（车槽）刀的刃磨	PPT	041
23	切断	视频	044
24	切外槽	视频	044

25	车外圆沟槽	PPT	044
26	转动小拖板法车圆锥	PPT	049
27	车外圆锥面	视频	049
28	圆弧车刀的刃磨	PPT	058
29	控制法车成形面	PPT	061
30	滚花加工	PPT	066
31	麻花钻的刃磨	PPT	073
32	刃磨钻头	视频	073
33	内孔车刀的刃磨	PPT	077
34	刃磨镗刀	视频	077
35	钻孔 PPT	PPT	082
36	钻孔 视频	视频	082
37	车通孔	PPT	088
38	镗孔	视频	088
39	车台阶孔	PPT	093
40	三角螺纹车刀的刃磨	PPT	100
41	刃磨外螺纹车刀	视频	100
42	刃磨内螺纹车刀	视频	100
43	普通三角螺纹的加工	PPT	105
44	低速车削外三角螺纹	视频	114
45	车削普通三角内螺纹	视频	117
46	车内槽	视频	117
47	套牙和攻丝	PPT	120
48	梯形螺纹的车削	PPT	127

目录

项目 1

车床认知与安全操作

【项目简述】

车床是机械制造和修配工厂中使用较广的一类加工设备。车削加工作为机械加工的一个重要组成部分，主要用于加工轴类、盘套类和其他具有回转表面的零件。车削主要是用车刀对旋转的工件进行切削加工。另外，车床上还可用钻头、扩孔钻、铰刀、丝锥和板牙工具等进行相应的加工。学生通过本项目的学习和训练，主要掌握车床的基本结构和功能、安全操作和日常保养等知识与技能，初步掌握工件的装夹、车刀的安装与对刀以及常用量具的使用和保养等技能。

能力目标

（1）能初步按规范正确操作机床；
（2）能按要求对车床进行日常保养；
（3）能准确的描述车床主要部件的名称及功能；
（4）能正确装夹工件、装刀及对刀；
（5）能正确使用和保养常用量具。

知识目标

（1）了解车削加工的概念、原理及加工范围；
（2）掌握车床的种类、型号、基本结构和功能；
（3）熟记《车工安全操作规程》；
（4）掌握装夹工件、车刀的原理及方法；
（5）掌握常用量具的使用和保养方法；
（6）掌握车床的日常保养知识。

素质目标

（1）初步建立学生的安全操作意识；
（2）培养学生良好的学习习惯和严谨的工作作风。

任务1 车床认知

【任务描述】

通过本任务的学习与训练，初步掌握车床的基本操作，了解车床的结构及功用。

能力目标

（1）熟悉各箱体的功用；
（2）熟悉车床。

认识车床

知识目标

（1）了解车削加工的加工范围、概念及原理；
（2）掌握车床的结构、种类和功能。

素质目标

（1）让学生初步体验车床的基本操作；
（2）培养学生的安全操作意识。

【任务实施】

（1）现场讲解车床的结构、组成及功用。
（2）教师示范：
① 开机检查；
② 车床启动、正/反转及停车操作；
③ 刀架、溜板箱、尾座等部件的操作；
④ 关机与断电。
（3）学生分组练习。

【知识链接】

1.1 车床的种类、结构及功用

1.1.1 车床的种类

在各类金属切削机床中，车床是应用比较广泛的一类，约占机床总数的50%。车床既可用钻头、铰刀、丝锥和滚花刀进行钻孔、铰孔、攻螺纹和滚花等加工，也可用车刀对工件进行车削加工。车床的种类很多，最常见的有普通车床、数控车床等，普通车床中卧式车床应用最广泛。

1.1.2　车床的结构及功用

以 CA6140 为例，其主要组成部件包括：床身、主轴箱、挂轮箱、进给箱、溜板箱、床脚、刀架、尾座、光杠及丝杠等，如图 1-1 所示。

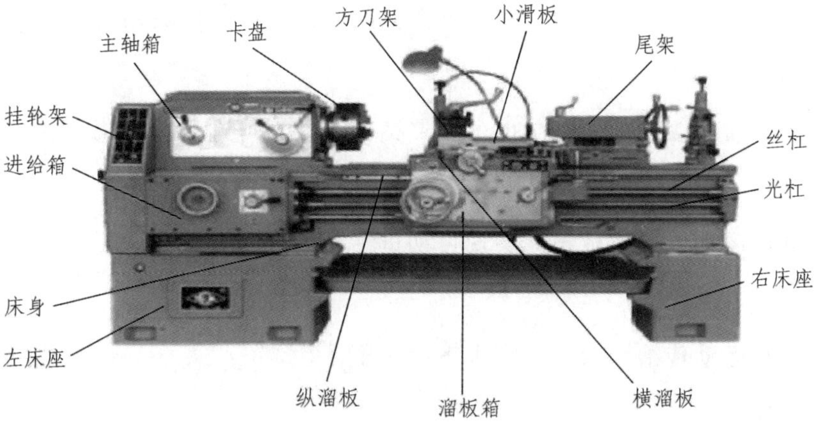

图 1-1　CA6140 车床主要组成部件

车床介绍

1. 床　身

床身是车床的基础部件，用以连接各主要部件并保证各部件之间有正确的相对位置。床身上面有两条精确的导轨，尾座和床鞍可沿着导轨移动。

2. 主轴箱

支承主轴并通过离合器和齿轮带动工件作回转运动，改变变速箱外的手柄位置可以使主轴得到各种不同的转速。

3. 挂轮箱

将主轴箱的运动传递给进给箱。通过变换齿轮，配合进给箱，可以加工各种螺纹。

4. 进给箱

是进给传动系统的变速机构，通过变速后传递给丝杠，以实现不同的进给速度和各种螺纹。

5. 溜板箱

接受光杠或丝杠传递的运动，以驱动床鞍和中滑板，使小滑板及刀架作纵、横向进给运动。其上还装有一些手柄及按钮，用来操纵主轴的转动和溜板的各种机动进给。

6. 床 脚

支撑床身及安装床身上的各个部件。

7. 刀 架

用于装夹车刀带动车刀进行车削，可作纵向、横向和斜向进给运动。

8. 尾 座

尾座安装后顶尖以支承工件，也可装夹钻头或铰刀等进行孔加工。

9. 光 杠

光杠将进给运动传给溜板箱，实现自动进给。

10. 丝 杠

丝杠将进给运动传给溜板箱，实现螺纹车削。

11. 附 件

如卡盘、中心架、跟刀架。卡盘用来夹持工件，带动工件一起转动。中心架、跟刀架车削较长工件时，起支撑作用。

1.2 车削加工的概念、原理及加工范围

车削是在切削过程中，为了切除多余的金属，必须使工件和刀具作相对运动。切削运动分为主运动和进给运动。

1.2.1 车削的基本概念

1. 切削运动

切削运动一般分为主运动和进给运动。

（1）主运动 形成工件表面形状所需要的最基本的运动，也是切削加工中速度最高、消耗功率最多的运动。车削时工件的旋转运动为主运动。

（2）进给运动 使切削工具不断切下切屑所需要的运动。车床上的运动是车刀的纵、横向运动。

2. 切削表面（工件上形成的表面）

切削加工时在工件表面形成三个加工表面，称作切削表面。

（1）已加工面 工件上已切去多余金属的表面。

（2）加工表面　工件上切削刃正在经过的表面。
（3）待加工面　工件上即将切去金属的表面。
车削加工的切削运动及切削表面如图 1-2 所示。

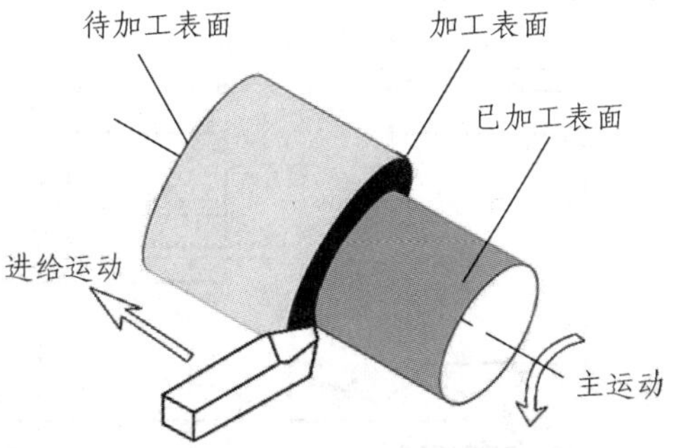

图 1-2　车削加工的切削运动及切削表面

1.2.2　车削加工的范围

车削加工包括钻孔、车孔、铰孔、车端面、攻丝、车外圆等操作，如图 1-3 所示。

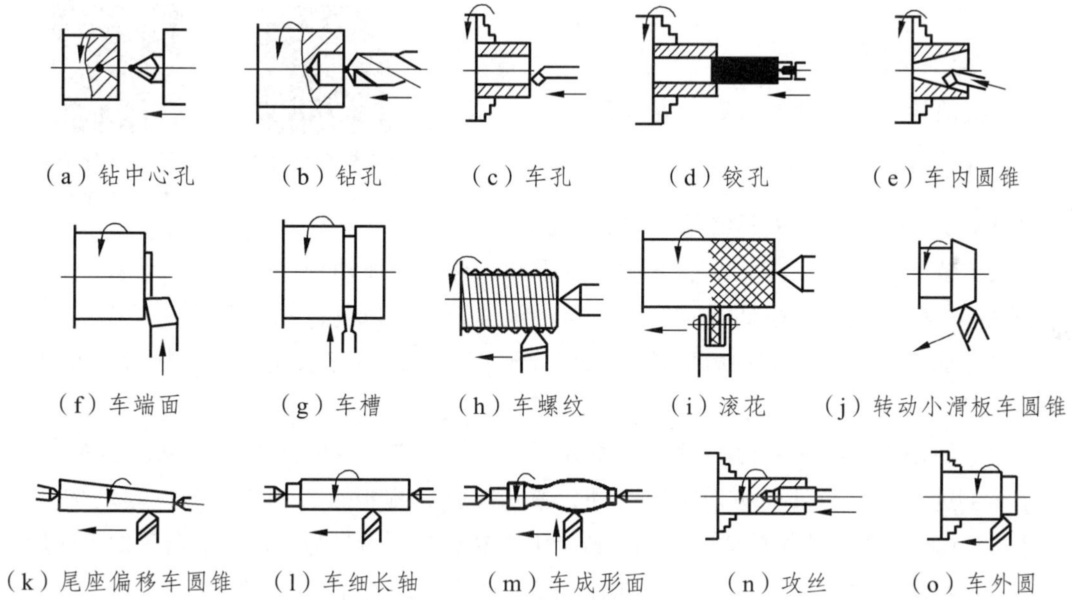

图 1-3　车削加工的范围

1.3　车床的传动系统

车床传动系统如图 1-4 所示。为把电动机的旋转运动转化为工件和车刀的运动，经过一系列复杂传动机构的传动路线，称作车床的传动系统。电动机输出的动力，经皮带传给主轴箱，经过主轴得到不同的转速，再通过挂轮箱、进给箱、光杠或丝杠传递到溜板箱，带动床鞍、刀架沿导轨作纵向或横向运动，从而很方便地实现手动、机动、快速移动和车螺纹等运动。

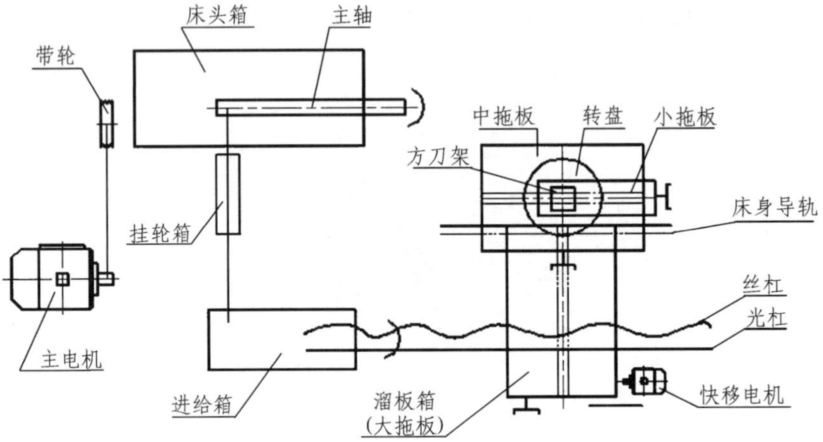

图 1-4　车床传动系统图

1.4　车床的基本操作

1. 安全操作

开机前检查各手柄是否处于安全位置。

2. 基本操作

（1）工件、刀具、夹具必须装夹牢固。

（2）装卸工件后，应立即取下卡盘扳手和工件上的浮动物件。

（3）机床的尾座、摇柄等应按加工需要调整到适当位置，并紧固或夹紧。

（4）加工长料时，主轴后面伸出的部分不宜过长，若过长应装上托料架，并悬挂危险标识。

（5）使用中心架或跟刀架时，必须调好中心，并有良好的润滑和支撑接触面。

（6）进刀时，刀具要缓慢接近工件，避免碰撞，拖板来回移动的速度要均匀。换刀时，刀具与工件必须保持适当距离，避免刀架转动时，刀具与工件、卡盘等发生碰撞。

（7）切削车刀必须紧固，车刀伸出长度一般为刀厚的 1.5 ~ 2 倍。

（8）对刀调整必须缓慢，当刀尖快要接近工件时，改用手动进给，不能快速进给直接吃刀。

（9）用锉刀抛光工件时，应将刀架退至安全位置，操作者应面向卡盘，左手在后，右手在前。表面有键槽、方孔的工件禁止用锉刀进行加工处理。

（10）用砂布抛光工件外圆时，操作者按上条规定的姿势，两手拉着砂布两头进行抛光。禁止用手指夹持砂布打磨内孔。

（11）自动走刀时，应将小刀架调到与底座平齐。

（12）切断重、大工件或材料时，应留有足够的加工余量。

3. 停车操作

（1）卸下工件、切断电源。

（2）各手柄应处于空挡位置，清点工具，打扫清洁。

（3）给车床润滑保养。

4. 车床运行中的注意事项

（1）严禁非工作人员操作机床。

（2）正常情况下不准使用“紧急”按钮停车，如遇紧急情况用该按钮停车后，重启前应检查车床的各部件是否正常。

（3）不许脚踏车床的导轨面，丝杠、光杠等。

（4）车削细长工件，卡盘前面工件的悬伸长度超过直径的 3 ~ 4 倍及以上时，应按工艺规定采用顶尖、中心架或跟刀架支撑。工件在床头箱外端伸出时，应加防护装置和悬挂警告标识。

（5）切削脆性金属或易飞溅材料时（包括磨削），应加防护挡板，操作者需戴防护眼镜。

【思考与练习】

（1）手动操作练习。机床床鞍及中、小滑板手柄操作练习。

（2）车床主要组成部分的名称是什么？

（3）车床开车前的检查工作包括哪些？

任务 2 《车工安全操作规程》认知

【任务描述】

通过本任务的学习，牢记《车工安全操作规程》，养成文明安全生产意识。

能力目标

牢记车工安全操作条例，明确安全的重要性。

知识目标

掌握《车工安全操作规程》的意义及要求。

车工安全操作规程

素质目标

（1）建立学生安全操作意识，明确安全生产的意义；

（2）建立基本的职业形象。

【任务实施】

2019 年 10 月 10 日，某生产制造公司下属机械分公司一名车工在生产过程中，严重违反安全规定，戴手套进行操作，不幸被旋转的工件卷入，发生右手手臂被铰断的安全事故。

1. 事故经过

2019 年 10 月 10 日 13 时 15 分许，某生产制造公司下属机械分公司车工蒯某某（女，23 岁），操作 C260 车床加工曲柄轴，在未停机的情况下，用八寸半圆锉修整毛刺。修整中因右手戴的帆布手套口被旋转的工件毛刺挂住，右手腕部被旋转的工件铰、缠，右手腕当即被铰断，右臂尺骨、桡骨外露 2/3，皮肤肌肉脱套，无法再植，后将右小臂截去 2/3。

2. 事故分析

造成这起事故的直接原因：操作者严重违反安全规定戴手套操作。此外，在未停机的情况下修理加工工件的毛刺，能省时省力，但不值得提倡，尤其对于技术水平不高、缺乏经验的新工人来讲，更不应该提倡这种操作方式。

造成事故的间接原因：一是安全生产管理不严格，制度不健全，只顾生产经营，放松了安全管理工作，检查督促不够。二是作业环境较差，或者加工工件过于粗糙，不戴手套害怕伤手。

（1）安全案例解析。在实作过程中指导教师应加强对学生的安全教育和管理，一旦发生安全事故，应立即采取处理措施，并及时向相关部门报告。

（2）组织学生逐条背诵《车工安全操作规程》，强调安全生产的重要性。

【知识链接】

车工安全操作规程

（1）工作服穿整齐，女同学戴好工作帽。

（2）机床运转前，检查各手柄是否置于正确位置上，传动带、齿轮防护罩是否装好，各运动部件是否已经加油润滑，然后低速运转 3 ~ 5 min，确认机床处于正常运转状态后才可以进行后续作业。

（3）常用刀具、量具、工具、夹具及材料、图纸、产品等应摆放置稳妥、整齐、合理。床身导轨面上不准摆放物品。

（4）两人共用一台车床轮换训练时，只能一人操作，即操作者在作业过程中，严禁观摩者触碰机床，并且注意他人的安全。

（5）卡盘扳手使用完毕后，必须及时取下，否则严禁启动车床。

（6）机床运转时，禁止用量具去测量工件尺寸，禁止用手去触摸工件的表面。

（7）机床运转时，头部不能离工件太近，手和身体不能靠近正在旋转的工件。

（8）高速切削时，要戴上工作帽和防护眼镜，以防切屑伤害。

（9）不允许用手直接清理切屑，必须使用专用的铁屑钩或者毛刷。

（10）操作摇动手柄时，动作要均匀，同时注意掌握好进刀与退刀的方向，切勿搞错。

（11）使用锉刀锉削工件时，应采用左手握柄，右手握头的姿势。

（12）坚持执行机床加油润滑的保养制度，做好班前班后的给油工作，保证机床处于良好的润滑状态。

（13）经常保持工作场地的整齐清洁，地面上不应有渗漏的油脂或其他液体。

（14）工作结束后，要及时关闭电源，清除切屑，养护机床，清扫环境及整理工作场地。

【思考与练习】

（1）机床运转前、运行过程中及工作结束后应做哪些检查工作？有哪些注意事项？

（2）默写《车工安全操作规程》。

任务3 车床的日常保养

【任务描述】

为了充分发挥车床的作用，减少故障的发生，延长车床的使用寿命，必须做好车床的日常维护保养工作。通过本任务的学习与训练，掌握车床的日常保养内容和要求。

能力目标

能对车床进行日常维护与保养。

知识目标

掌握车床日常保养的内容和要求。

车床的日常保养

素质目标

培养学生认真细致的工作作风和吃苦耐劳的工作习惯。

【任务实施】

（1）讲解并演示车床的保养和注意事项；

（2）学生分组练习。

【知识链接】

日常保养内容及要求

1. 工作前

（1）检查交接班记录本；

（2）严格按照设备“润滑图表”规定进行加油，做到定时、定量、定质；

（3）停机 8 h 以上的设备，在启动设备后，要先低速旋转 3 ~ 5 min，确认润滑系统是否畅通，各部位运转是否正常，方可开始工作。

2. 工作中

（1）经常检查设备各部位运转和润滑系统工作情况，如果有异常情况，立即通知指导教师及时处理；

（2）各导轨面和防护罩上严禁放置工具、工件和金属物品及踩踏。

3. 工作后

（1）擦除导轨面上的铁屑及冷却液，丝杠、光杠上无污油；

（2）清扫设备周围铁屑、杂物；

（3）进行车床润滑保养；

（4）认真填写设备交接班记录表。

【知识拓展】

车床一、二级保养内容和要求

1. 床头箱

一级保养内容：（1）拆洗滤油器；（2）检查主轴定位螺丝，调整适当；（3）调整摩擦片间隙和刹车带；（4）检查油质保持良好。

二级保养内容：（1）拆洗滤油器；（2）清洗换油；（3）检查并更换必要的磨损件。

2. 刀架及拖板

一级保养内容：（1）拆洗刀架、小拖板中溜板各件；（2）安装时调整好中拖板、小拖板的丝杠间隙和塞铁间隙。

二级保养内容：（1）拆洗刀架、小拖板中溜板各件；（2）拆洗大拖板，疏通油路，清除毛刺；（3）检查并更换必要的磨损件。

3. 挂轮箱

一级保养内容：（1）拆洗挂轮及挂轮架并检查轴套有无晃动现象；（2）安装时调整好齿轮间隙并注入新油。

二级保养内容：（1）拆洗挂轮及挂轮架并检查轴套有无晃动现象；（2）检查并更换必要的磨损件。

4. 尾　座

一级保养内容：（1）拆洗尾座各部；（2）清除研伤毛刺，检查丝扣、丝母间隙；（3）安装时要求达到灵活可靠。

二级保养内容：（1）拆洗尾座各部；（2）检查、修复尾座套筒锥度；（3）检查，并更换必要的磨损件。

5. 进给箱及溜板箱

一级保养内容：清洗油线，注入新油。

二级保养内容：进给箱及溜板箱整体拆下清洗检查并更换必要的磨损件。

6. 外　表

一级保养内容：（1）清洗丝杠、杠、齿条要求无油垢；（2）检察补齐螺钉、手柄、手球。

二级保养内容：（1）清洗机床外表及死角，拆洗各罩盖要求内外清洁、无锈蚀、无黄袍，漆见本色铁见光；（2）检查导轨面，修光毛刺，对研伤部位进行必要的修复。

7. 润滑冷却

一级保养内容：（1）清洗冷却泵、冷却槽；（2）检查油质保持良好，油杯齐全，油窗明亮；（3）清洗油线、油毡，注入新油要求油路畅通。

二级保养内容：（1）清洗冷却泵、冷却槽；（2）拆洗油泵，检查并更换必要的磨损件。

8. 电　器

一级保养内容：清扫电机及电器箱内外尘土。

二级保养内容：（1）清洗冷却泵、冷却槽；（2）检修电器，根据需要拆洗电机更换油脂。

9. **精　度**

二级保养内容：检查并调整使主要几何精度能达到出厂标准，或满足生产工艺要求。

【思考与练习】

（1）日常工作中对机床的保养包括哪些内容？

（2）为什么要定期对机床进行保养？

任务4 工件的装夹、装刀和对刀

【任务描述】

学生通过本任务的学习与训练，初步掌握工件装夹的方法与注意事项，以及装刀和对刀的方法与步骤。

能力目标

（1）能正确装夹工件；

（2）能正确对刀和装刀。

工件的装夹、装刀和对刀

知识目标

（1）掌握工件装夹的方法及注意事项；

（2）掌握对刀和装刀的方法。

素质目标

强化学生安全操作意识，巩固车床的基本操作程序及注意事项。

【任务实施】

（1）现场讲演工件的装夹、装刀、对刀的方法和要求；

（2）学生分组练习。

【知识链接】

4.1 工件的装夹

三爪自定心卡盘是车床上最常用的夹具，用以装夹并带动工件一起旋转，实现车床的主运动。

4.1.1 三爪自定心卡盘的结构原理和规格

如图 1-5 所示，三爪自定心卡盘主要由外壳、小锥齿轮、防尘盖板和三个卡爪等零件组成。当卡盘扳手插入小锥齿轮 2 的方孔中转动时，就带动大锥齿轮 3 旋转。

常用三爪卡盘的规格有 150 mm、200 mm、250 mm 三种。

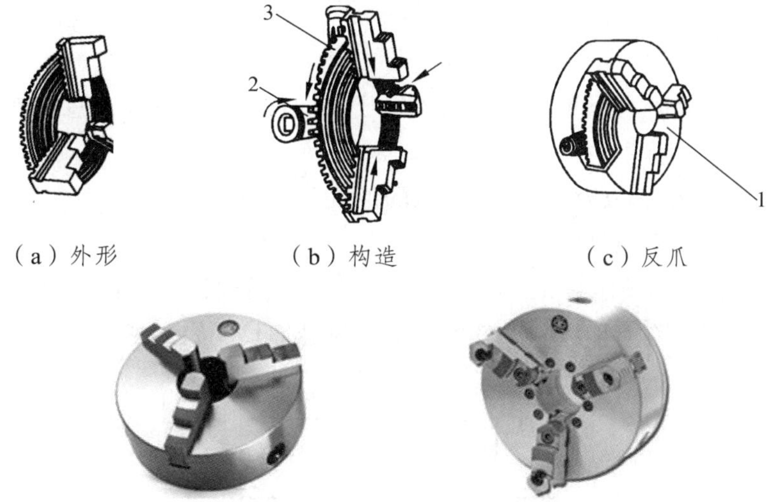

（a）外形　（b）构造　（c）反爪

1—卡盘体；2—小锥齿轮；3—大锥齿轮。

图 1-5　三爪自定心卡盘

4.1.2 三爪自定心卡盘的特点

三爪自定心卡盘能自动定心，安装工件方便、快捷。一般用于形状规则（如圆柱形、正六边形等）的中小工件的装夹。

4.1.3 工件的装夹形式

三爪自定心卡盘装夹工件的形式有夹持圆棒料、夹持大外圆、夹持小外圆、利用卡爪反撑内孔、用反爪夹持大工件，如图 1-6 所示。在刀架上夹一铜棒（或铝棒等软金属），将工件轻轻夹持在三爪自定心卡盘上，开动车床低速旋转，使铜棒接触工件端面或外圆，并略加压力，使工件表面与铜棒完全接触为止，停车后再夹紧工件。

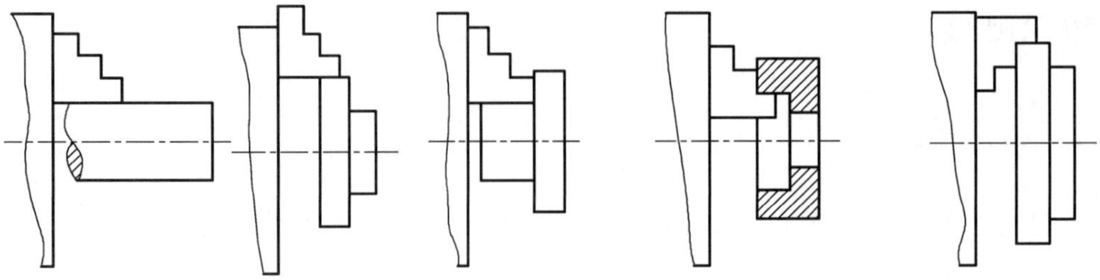

（a）夹持圆棒料 （b）夹持大外圆 （c）夹持小外圆 （d）利用卡爪反撑内孔 （e）用反爪夹持大工件

图 1-6 三爪自定心卡盘装夹工件的形式

加工盘形或套类零件时，在车削内孔和一端面之后车削另一端面时，为了保证两端面的平行度要求或内孔端面的垂直度要求，可采用端面挡块找正法。零件数量较多时，为了缩短找正时间以提高加工效率，可在工件与卡盘之间加一平行垫块。

4.1.4 注意事项

（1）卡盘夹持毛坯外圆面长度一般不小于 10 mm，不宜夹持长度较短又有明显锥度的毛坯外圆。

（2）毛坯上的飞边、凸台应避开三爪的位置。

（3）工件找正后必须夹牢。

（4）夹持棒料和圆筒工件，悬伸长度 L 一般不宜超过直径 D 的 3 ~ 4 倍，以防止工件弯曲、顶落而造成打刀事故。工件的正确夹持悬伸长度如图 1-7 所示。

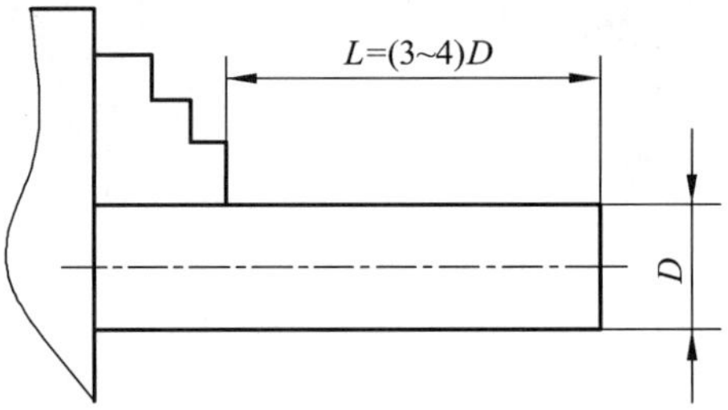

图 1-7 工件的正确夹持悬伸长度

（5）工件装夹完成后，卡盘扳手必须随即取下，以防止开车后扳手撞击床身“飞出”，造成人身事故。

4.2 装刀和对刀

4.2.1 车刀的装夹

车刀的高度可用垫片调整，但垫片要放平并与刀架对齐。刀尖高低调好后，用两个或一个螺钉将车刀紧固。车刀安装时，刀柄应与工件轴线垂直，刀柄伸出方刀架的长度应小于两倍的刀柄厚度，车刀刀尖应与工件轴心等高，装刀时可用顶尖对正。

4.2.2 对　刀

车刀装夹好后，一般通过平端面来检测车刀的高低。正确的装刀位置，如图 1-8（b）所示。若车刀装高了，即刀尖高于工件轴心，那么会使车刀的实际后角减小，车刀后面与工件之间的摩擦增大，从而造成刀尖碎裂，如图 1-8（d）所示；若车刀装低了，即刀尖低于工作轴线，那么在车至端面中心时会留有小凸头，如图 1-9（e）所示。

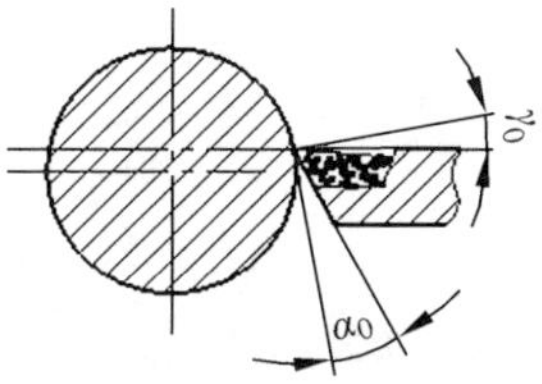

（a）刀尖高于工件轴线

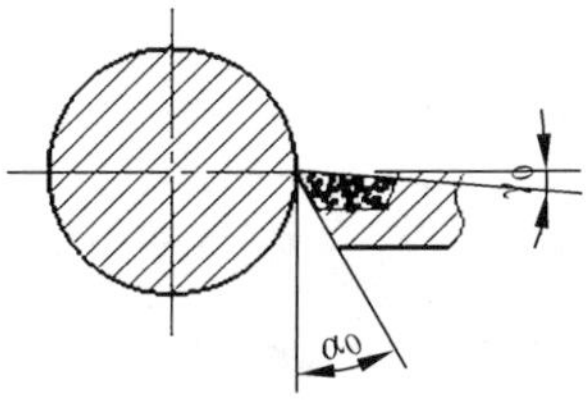

（b）刀尖与工件轴线等高

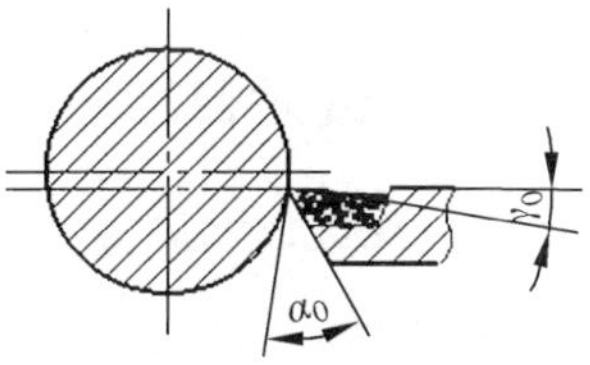

（c）刀尖低于工件轴线

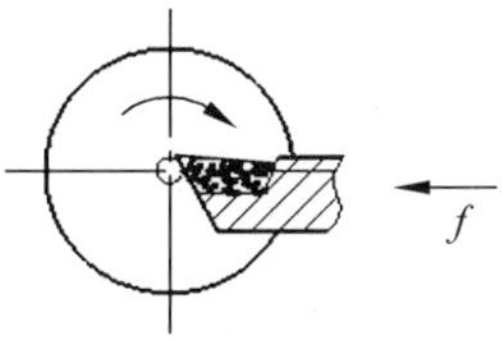

（d）刀尖崩碎

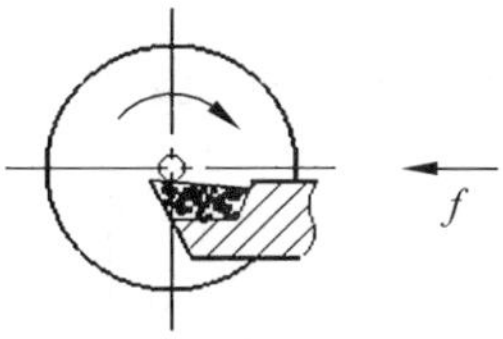

（e）遗留凸台

图 1-8　车刀刀尖不对准工件中心的后果

【思考与练习】

（1）车床常用的工件装夹方法有哪些？各适用于安装哪些形状的工件？

（2）三爪自定心卡盘有什么特点？

（3）安装车刀应注意哪些问题？

任务 5　常用量具的使用和保养

【任务描述】

量具的正确使用是保证零件加工精度的前提条件。车削加工中常用的量具有：钢直尺、游标卡尺、千分尺及百分表等。本任务中，学生将使用常用量具完成量具的保养和待测工件的测量。

能力目标

（1）能正确使用游标卡尺、千分尺和百分表并能准确读数；

（2）能正确保养游标卡尺、千分尺和百分表。

常用量具的使用和保养

知识目标

（1）掌握游标卡尺、千分尺、百分表的使用方法，了解其读数原理；

（2）掌握常用量具的保养知识。

素质目标

培养学生养成爱护工具、设备的良好工作习惯。

【任务实施】

（1）用游标卡尺测量图 1-9 零件上的内孔尺寸 $\phi40_{0}^{+0.02}$ 。

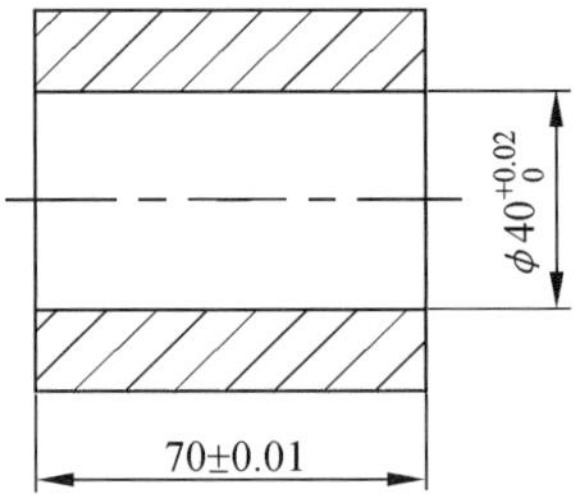

图 1-9　待测量工件

（2）用千分尺测量图 1-9 零件上的长度尺寸（70±0.01）。

【知识链接】

为了确保零件加工质量，应对被加工的零件进行尺寸、形状和位置精度的测量。量具的种类很多，最常用的量具有：钢直尺、游标卡尺、千分尺和百分表。

5.1　游标卡尺及其使用

游标卡尺的使用

5.1.1　游标卡尺的结构和用途

游标卡尺由主尺和附在主尺上能滑动的游标两部分组成，如图 1-10（a）所示。游标上面有一紧固螺钉，可将游标固定在尺身上的任意位置。尺身和游标都有量爪，利用内测量爪可测量槽的宽度和管的内径，利用外测量爪可测量零件的厚度和管的外径。深度尺与游标尺连在一起，可以测量深度。

5.1.2 游标卡尺的读数原理

具体读数原理如下（以 0.02 mm 游标卡尺为例）：

读数值为 0.02 mm 的游标卡尺，主尺上的刻度每小格为 1 mm，游标刻线总长为 4 mm，并等分为 50 格，那么游标尺上每格为 49/50=0.98 mm，则尺身和游标相对一格之差为 1−0.98=0.02 mm，所以它的测量精度为 0.02 mm。根据这一原理，如果游标第 8 根刻线与尺身刻线对齐，如图 1-10（b）所示，此时的读数为 14.8 mm，具体读数方法为：首先读出游标零线左面尺身上的整毫米数，其次看游标上哪一条刻线与尺身对齐，得出毫米小数读数，最后把尺身和游标上的尺寸相加，即：14+（0.8+2×0.02）=14.8 mm。

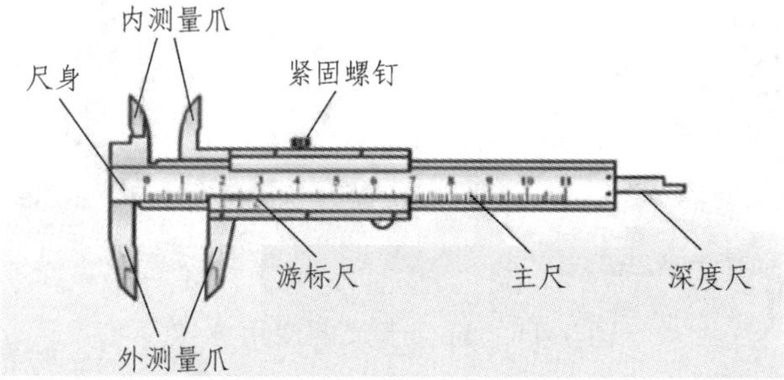

（a）

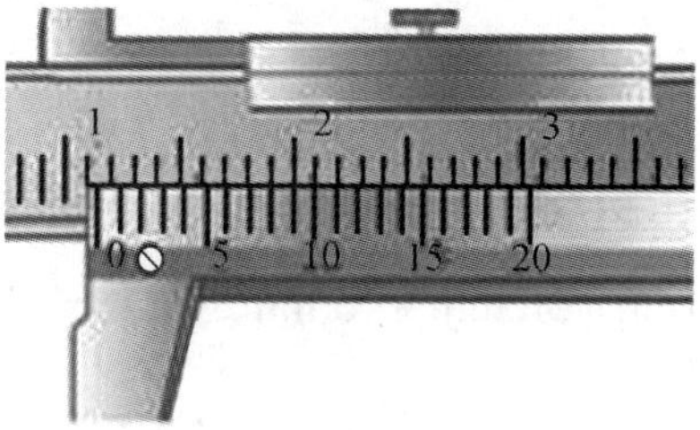

（b）

图 1-10　游标卡尺读数

5.1.3 游标卡尺的使用方法及注意事项

游标卡尺的使用方法如图 1-11 所示。

（1）使用前，用软布将量爪擦干净，使其并拢，对零值正确性进行检查，查看游标和主尺身的零刻度线是否对齐，如没有对齐则要记取零误差。如果超过零线，在结果中加上读数；如果没超过零线，在结果中减去读数。

（2）测量时，应以固定量爪定位，摆动活动爪，找到正确位置进行读数。测量时，两量爪不应倾斜。

（3）测量深度时，以游标卡尺尺身端面定位，然后推动尺框使测度尺测量面与被测量表面贴合，同时保证深度尺与被测量尺寸方向一致，不得向任意方向倾斜。

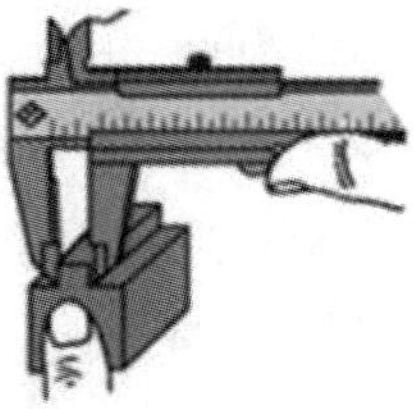

（a）测量工作宽度

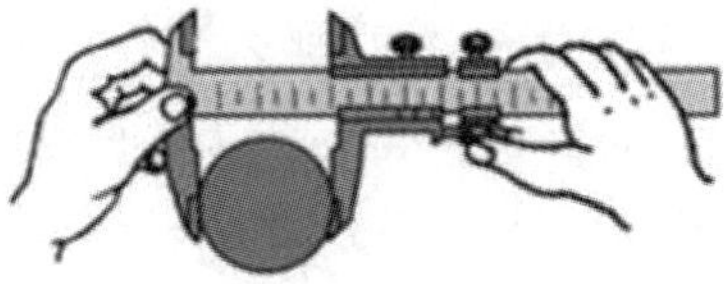

（b）测量工作外径

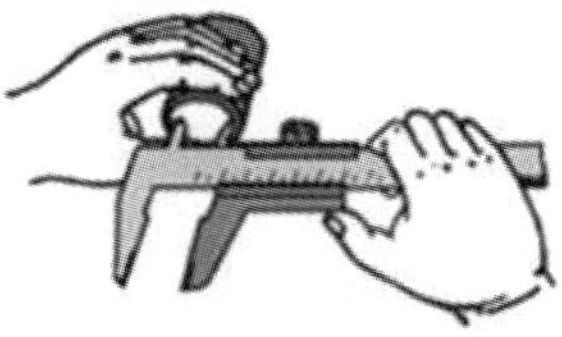

（c）测量工作内径

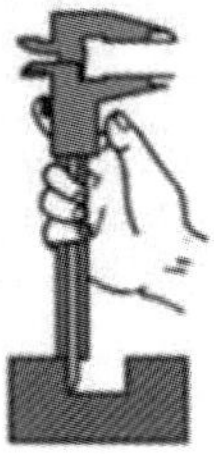

（d）测量工作深度

图 1-11　游标卡尺的使用方法

（4）测量弯管外径和圆弧形空刀槽直径时，用刀口形外量爪。

（5）测量内尺寸时，用内量爪测量。

千分尺的使用

5.2　外径千分尺及其使用

外径千分尺是生产中常用的一种精密量具，测量精度可达 0.01 mm。其测量范围分别为 0 ~ 25 mm、25 mm ~ 50 mm、50 mm ~ 75 mm、75 mm ~ 100 mm 等规格，每隔 25 mm 为一挡规格。

5.2.1　外径千分尺的外形和结构

外径千分尺由尺架、微分筒、固定量杆、测微量杆、锁紧装置和测力装置等组成，如图 1-12 所示。

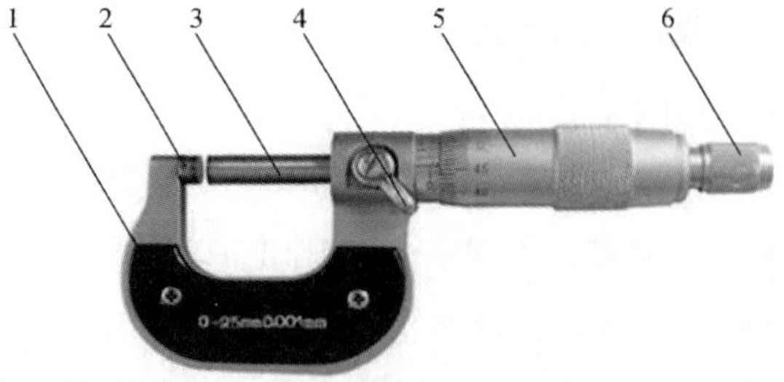

1—尺架；2—固定螺杆；3—测微量杆；4—锁紧装置；5—微分筒；6—测力装置。

图 1-12　外径千分尺

5.2.2 外径千分尺的读数方法

（1）先读出微分筒左面固定套筒上露出的刻线的整数和半毫米数。

（2）看准微分筒上每格 0.01，看哪一格与固定套筒上的基准线对准，读出小数部分数值。

（3）将固定套筒上读出的整数和半毫米数与微分筒上读出的毫米小数值相加，即为测得的实际尺寸。

5.2.3 使用千分尺的注意事项

（1）使用前，用干净棉纱把外径千分尺特别是两个测量面擦净，并校正“0”位。

（2）在车床上测量工件时，把外径千分尺的两个测量面间的距离调整到大于所测工件尺寸，左手握千分尺的弓架部分，右手旋转测力装置，使测量面与被测工件双侧母线平行接触，棘轮发出嗒嗒响声（约 2 ~ 4 声）后，读出尺寸数。

（3）测量时，不要用测量面的边缘测量工件，可以轻微转动千分尺以利于使测量面与工件双侧母线平行。

（4）对尺寸精度要求较高的工件，为了测出工件的形位误差，测量时应在工件的不同截面和互相垂直的方向进行测量。

5.2.4 千分尺的保养

（1）严禁将千分尺放在温差较大的地方，也不准放在有磁场的地方。

（2）使用千分尺时应轻拿轻放，防止与刀具、工具等其他物件碰撞，以免影响测量精度。

（3）千分尺固定套筒和微分筒之间不允许涂抹任何油脂。

（4）不允许拿着千分尺微分筒旋转摇晃，以免造成千分尺丝杠弯曲变形。

（5）用后用帕子擦干净，两测量面应调整保持一定距离再将千分尺放入盒内保存。

5.3 百分表及其使用

百分表的使用

5.3.1 百分表的结构原理与读数方法

百分表是一种精度较高的比较量具，它只能测出相对数值，不能测出绝对数值，主要用于测量形状和位置误差，也可用于机床上安装工件时的精密找正。百分表的读数准确度为 0.01 mm，结构如图 1-13 所示。当测量杆 1 向上或向下移动 1 mm 时，通过齿轮传动系统带动大指针 2 转一圈，小指针 3 转一格。刻度盘圆周上有 100 个等分格，各格的读数值为 0.01 mm。小指针每格读数为 1 mm。测量时指针读数的变动量即为尺寸变化量。刻度盘可以转动，以便测量时大指针对准零刻线。

百分表的读数方法是：先读小指针转过的刻度线（即整数部分），再读大指针转过的刻度线（即小数部分），并乘以 0.01，然后两者相加，即得到所测量的数值。

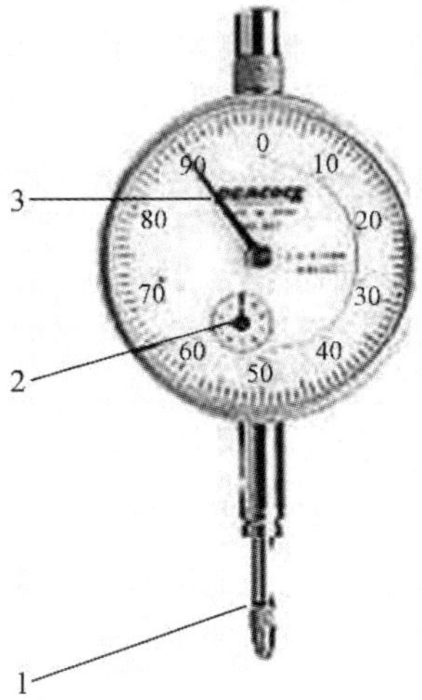

1—测量杆；2—大指针；3—小指针。

图 1-13　百分表

5.3.2　百分表的使用与注意事项

1. 百分表的使用

百分表常装在表架上使用。百分表可用来精确测量零件平面度、平行度和直线度、圆度、圆跳动形位误差，也可用来找正工件。

2. 注意事项

（1）使用前，应检查测量杆活动的灵活性。即轻轻推动测量杆时，测量杆在套筒内的移动要灵活，不能出现轧卡现象，每次手松开后，指针能回到原来的位置。

（2）使用时，必须把百分表固定在可靠的夹持架上。不可贪图省事，随便夹在不稳固的地方，否则容易造成测量结果不准确，或摔坏百分表。

（3）测量时，注意百分表的测量范围，不要使测量杆的行程超过它，不要使表头突然撞到工件上，也不要用百分表测量表面粗糙度或有显著凹凸不平的工件。

（4）测量平面时，百分表的测量杆要与平面垂直，测量圆柱形工件时，测量杆要与工件的中心线垂直，否则，将使测量杆活动不灵活或测量结果不准确。

（5）为方便读数，在测量前要让大指针指到刻度盘的零位。

（6）百分表不用时，应使测量杆处于自由状态，以免使表内弹簧失效。

【思考与练习】

（1）画图分析游标卡尺和千分尺的读数原理，使用时的注意事项有哪些？

（2）用游标卡尺和千分尺进行测量练习（工件自选）。

项目 2 轴类零件加工

【项目简述】

轴类零件是机械加工中最典型的零件之一，也是机械设备中的重要零件，主要用来支承传动零件（如齿轮等），传递运动和扭矩。轴类零件是旋转体零件，其长度一般大于直径，加工表面通常有内外圆柱面、圆锥面，以及螺纹、花键、键槽等。轴类零件的精度要求有：尺寸精度和形位精度。精度一般为 IT9 ~ IT5 级；配合轴颈对支承轴颈的径向圆跳动通常为 0.01 ~ 0.03 mm；支承轴颈的表面粗糙度 *R*a 值一般为 0.16 ~ 0.63 μm；配合轴颈的表面粗糙度 *R*a 值一般为 0.63 ~ 2.5 μm。本项目通过完成图 2-1 所示轴类零件的加工，掌握车端面、车外圆、车台阶的相关知识和技能。

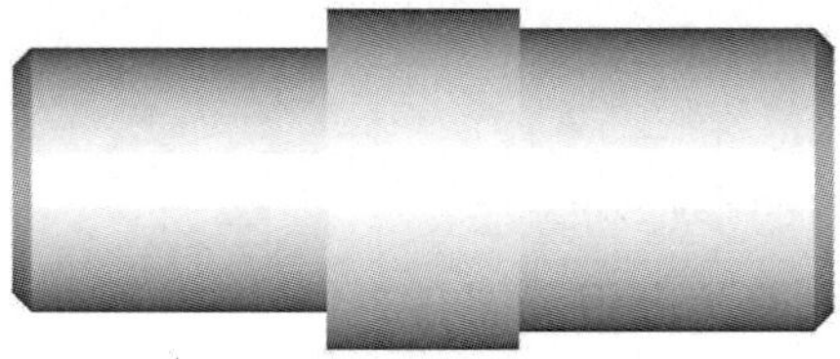

图 2-1　轴类零件

能力目标

（1）能刃磨外圆车刀；

（2）能识读轴类零件图，会编制轴类零件的加工步骤；

（3）能加工和检查轴类零件。

知识目标

（1）掌握外圆车刀的刃磨方法及注意事项；

（2）掌握轴类零件图的识读与绘制知识；

（3）掌握轴类零件的加工和检查方法；

（4）掌握车刀的种类及应用知识。

素质目标

（1）培养学生良好的表达和人际沟通能力；
（2）增强学生的产品质量意识；
（3）养成安全、文明生产的良好习惯。

任务1 外圆车刀的刃磨

【任务描述】

通过本任务的学习与训练，了解车刀的特点及应用，掌握外圆车刀的刃磨方法和技能。

能力目标

（1）能根据刀具刃磨要求合理选择砂轮；
（2）能按图纸要求刃磨外圆车刀并检测。

外圆车刀的刃磨 PPT

知识目标

（1）掌握刃磨外圆车刀的步骤和方法；
（2）了解常用车刀的种类及应用范围；
（3）理解车刀几何角度的组成。

外圆车刀的刃磨 微视频

素质目标

（1）能独立思考，养成吃苦耐劳和精益求精的作风；
（2）养成安全、文明生产的良好习惯。

【任务实施】

（1）完成图 2-2 所示外圆车刀的刃磨。
（2）选用设备及工量具，见表 2-1。
（3）加工步骤及内容，见表 2-2。

砂轮机的介绍

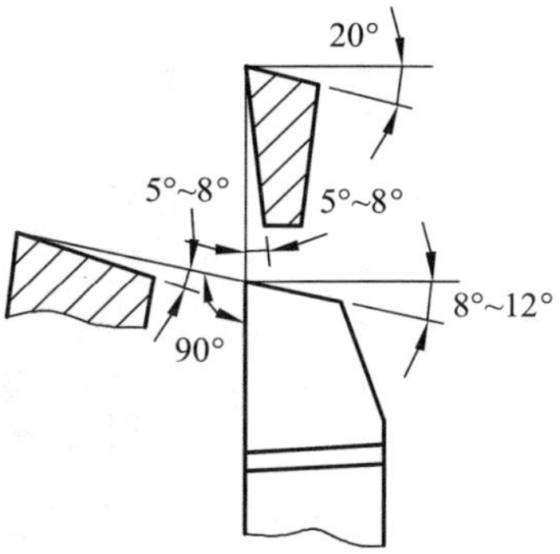

图 2-2　外圆车刀

表 2-1　选用工量具

序号	名称	规格	数量	备注
1	砂轮机	自选	1	
2	量角器	自选	1	
3	外圆车刀	自选	1	

表 2-2　加工步骤及内容

步骤	内容	工艺简图
1	先磨去车刀前面、后面上的焊渣，并将车刀底面磨平。可选用粒度号为 24#～36#的氧化铝砂轮	
2	粗、精磨主后面和副后面的刀柄部分，以形成后隙角。 操作要点：刃磨时，在略高于砂轮中心的水平位置将车刀翘起一个比刀体上的后角大 2°～3°的角度，以便再刃磨刀体上的主后角和副后角。可选粒度号为 24#～36#、硬度为中软（ZR1、ZR2）的氧化铝砂轮	
3	粗、精磨主后面。 操作要点：磨主后面时，刀柄应与砂轮轴线保持平行，同时刀体底平面向砂轮方向倾斜一个比主后角大 2° 的角度。刃磨时，先把车刀已磨好的后隙面靠在砂轮的外圆上，以接近砂轮中心的水平位置为刃磨的起始位置，然后使刃磨位置继续向砂轮靠近，并做左右缓慢移动。当砂轮磨至刀刃处即可结束，这样可同时磨出 $\kappa_r = 90°$ 的主偏角和主后角	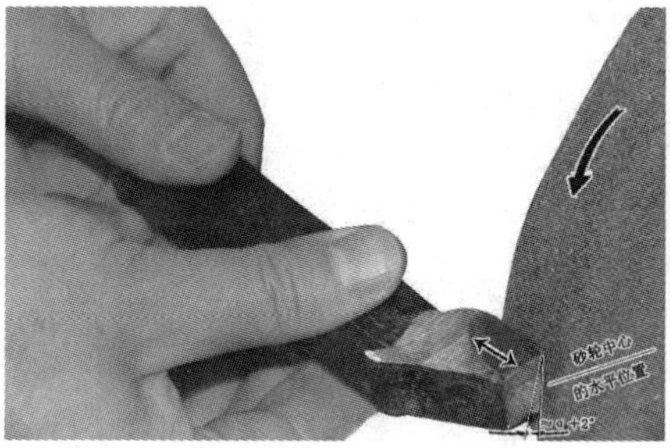

续表

步骤	内容	工艺简图
4	粗、精磨副后面。 操作要点：磨副后面时，刀柄尾部应向右转过一个比副偏角大 2° 的角度，同时车刀底平面向砂轮方向倾斜一个比副后角大 2° 的角度。具体刃磨方法与粗磨刀体主后面大体相同，不同的是粗磨副后面时砂轮应磨到刀尖处为止，与此同时，也可磨出副偏角和副后角	
5	粗、精磨前刀面。 操作要点：以砂轮的外圆面粗磨出车刀的前面，并在磨前面的同时磨出前角和刃倾角	
6	磨断屑槽。 操作要点：手工刃磨的断屑槽一般为圆弧形。刃磨时，需先将砂轮的外圆和端面的交角处用修砂轮的金刚石笔（或用硬砂条）修磨成相应的圆弧。若刃磨直线形断屑槽，则砂轮的交角需修磨得很尖锐。刃磨时刀尖可向下磨或向上磨。但选择刃磨断屑槽的部位时，应考虑留出刀头倒棱的宽度（即留出相当于走刀量大小的距离）	
7	磨负倒棱。 操作要点：为了提高主切削刃的强度，改善其受力和散热条件，通常在车刀的主切削刃上磨出负倒棱，刃磨时用力要轻微均匀，使主切削刃向刀尖方向摆动。负倒棱倾斜角度一般为 -5°，宽度为 $b=(0.4\sim0.8)f$	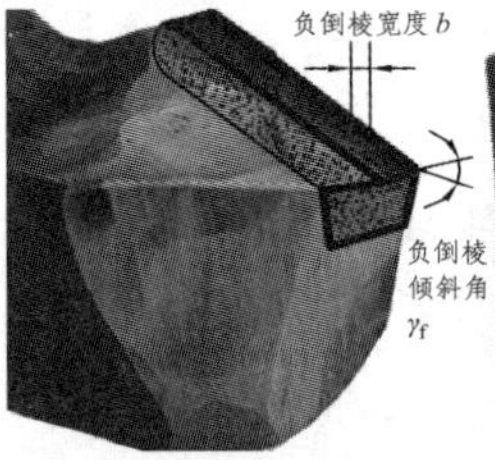
8	磨过渡刃。 操作要点：过渡刃有直线形和圆弧形两种。其刃磨方法与精磨后刀面时基本相同，刃磨车削较硬材料的车刀时，也可以在过渡刃上磨出负倒棱	

（4）任务评价（详见附表 3-6）。

操作提示：

• 刃磨时必须带防护镜。

• 刃磨时操作者应尽量避免正对砂轮，以站在砂轮侧面操作为宜；不允许多人聚在一起围观。

• 新装的砂轮必须经过检查，经试转合格后才能使用。

• 砂轮磨削表面必须经常修整。

• 刃磨时不要用力过猛，以防打滑而伤手。

• 刃磨高速钢车刀时应及时冷却，以防刀刃退火致使硬度降低；而刃磨硬质合金刀头车刀时，则不能把刀体部分置于水中冷却，以防刀片因骤冷而崩裂。

• 使用平行砂轮时应尽量避免在砂轮端面上刃磨。

• 刃磨结束应关闭砂轮机电源。

• 刃磨断屑槽应需注意如下要点：

① 砂轮的交角处应经常保持尖锐或具有一定的圆弧状；当砂轮棱边磨损出较大圆角时应及时修整。

② 刃磨时不能用力过大，车刀应沿刀柄方向做上下缓慢移动；要特别注意刀尖，切莫把断屑槽的前端口磨塌。

③ 刃磨时的起点位置应该与刀尖、主切削刃保持一定距离，不能一开始就直接刃磨到主切削刃和刀尖上，而使主切削刃和刀尖磨坍。一般起始位置与刀尖的距离等于断屑槽长度的 1/2 左右，与主切削刃的距离大约等于断屑槽宽度的 1/2 再加上倒棱的宽度。

④ 刃磨过程中应反复检查断屑槽的形状、位置及前角的大小；对于尺寸较大的断屑槽可分粗磨和精磨两个阶段，尺寸较小的则可一次磨成形。

【知识链接】

1.1 常用车刀的种类和用途

1.1.1 车刀的种类

按不同的用途可将车刀分为外圆车刀、端面车刀、切断刀、内孔车刀螺纹车刀等，如图 2-3 所示。

按材料可分为硬质合金钢车刀如图 2-3（a）、（b）、（c）、（d）、（f）所示，高速钢车刀如图 2-3（e）所示。

1.1.2 车刀的用途

常用车刀的基本用途如图 2-4 所示。

（a）90°外圆车刀 （b）45°外圆、端面车刀 （c）切断刀 （d）内孔车刀 （e）成形车刀 （f）螺纹车刀

图 2-3　车刀的种类

（1）90°车刀（偏刀），主要用于车削外圆、台阶面和端面，如图 2-4（a）所示。

（2）45°车刀（弯头车刀）主要用来车削外圆、端面和倒角，如图 2-4（b）所示。

（3）75°车刀用于粗车工件的端面，如图 2-4（c）所示。

（4）切断刀用于切断工件或在工件上切槽，如图 2-4（d）所示。

（5）内孔车刀用于车削内孔，如图 2-4（e）所示。

（6）成形车刀用于车削工件的圆弧面或成形面，如图 2-4（f）所示。

（7）螺纹车刀用于车削各种不同规格的内外螺纹，如图 2-4（g）所示。

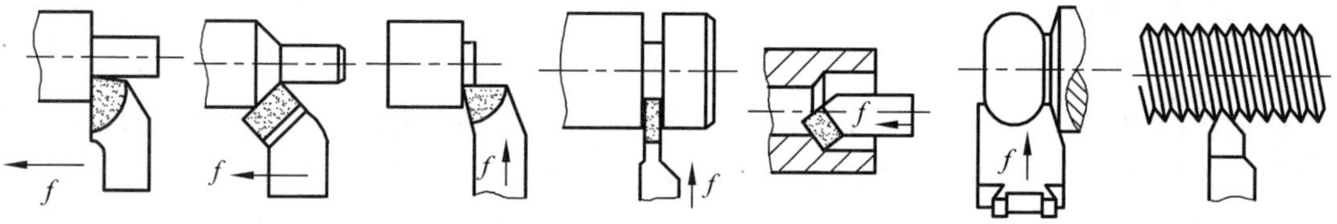

（a）车外圆 （b）车外圆 （c）车端面 （d）切断 （e）车内孔 （f）车成形面 （g）车螺纹

图 2-4　车刀的用途

1.2　车刀的结构

常用车刀的结构形式主要有 3 种，如图 2-5 所示。

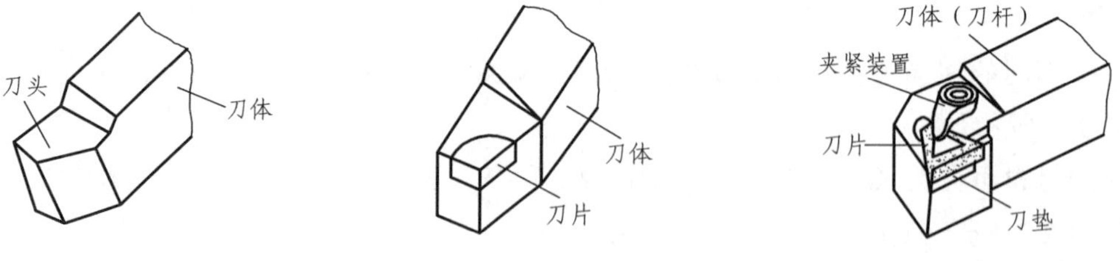

（a）整体车刀 （b）焊接车刀 （c）机夹可转位车刀

图 2-5　车刀的结构形式

1.2.1　整体车刀

如图 2-5（a）所示，其刀头和刀体为整体同质材料（通常为高速钢），刀头的切削部分靠刃磨成形，切削刃用钝后可重新刃磨。

1.2.2　焊接车刀

如图 2-5（b）所示，焊接车刀的结构是直接将刀片焊接到刀头上，有多种形状和规格的硬质合金刀片可选用。

1.2.3　机夹可转位车刀

如图 2-5（c）所示，机夹可转位车刀由刀体（刀杆）、刀片、刀垫和夹紧装置等部分组成。机夹可转位车刀是将具有若干个切削刃的硬质合金刀片用机械夹固的方法紧固在刀头上，使用时，当一个切削刃磨钝后，只需要将刀片换个角度，即可继续使用，不需刃磨即可用新的切削刃继续切削，其刀片的换位、装拆都很方便、快捷，从而大大节省了换刀和磨刀的时间，并提高了刀杆的利用率。

1.3　车刀的主要组成部分

车刀由刀头（或刀片）和刀体两部分组成。刀头部分承担切削工作，所以又称切削部分；刀体用于把车刀夹固在车床刀架上，又称刀柄。车刀切削部分的组成要素如图 2-6 所示。

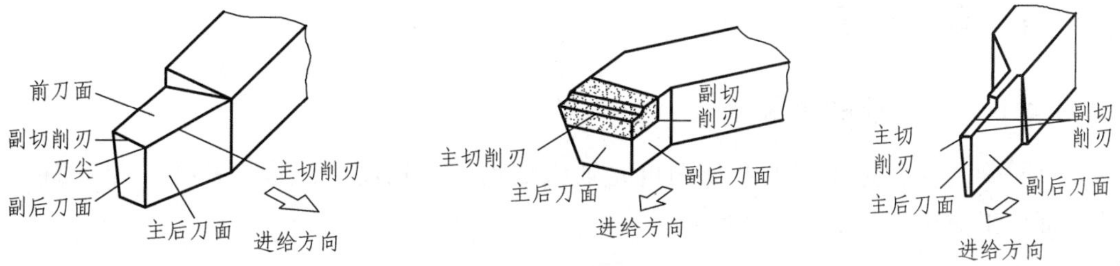

（a）外圆车刀　　（b）45°车刀　　（c）切断刀

图 2-6　车刀切削部分的组成

1. **前刀面**

前刀面是车刀上切屑流出的表面。

2. **主后刀面**

主后刀面是与工件上过渡表面相对的刀面。

3. **副后刀面**

副后刀面是与工件上已加工表面相对的刀面。

4. 主切削刃

主切削刃是前刀面与主后刀面相交的部位，它承担着主要的切削任务。

5. 副切削刃

副切削刃是前刀面与副后刀面相交的部位，靠近刀尖部分参加少量的切削工作。

6. 刀　尖

刀尖是主切削刃与副切削刃的交点。为了增加刀尖处的强度，改善散热条件，在刀尖处磨出圆弧形或直线形的过渡刃，如图 2-7 所示。圆弧过渡刃又称刀尖圆弧，一般硬质合金车刀的刀尖圆弧半径 r_ε为 0.5 ~ 1 mm。通常称副切削刃前段接近刀尖处的一段平直刀刃为修光刃，如图 2-8 所示。装刀时必须使修光刃与进给方向平行，且修光刃长度必须大于进给量，这样才能起到修光的作用。

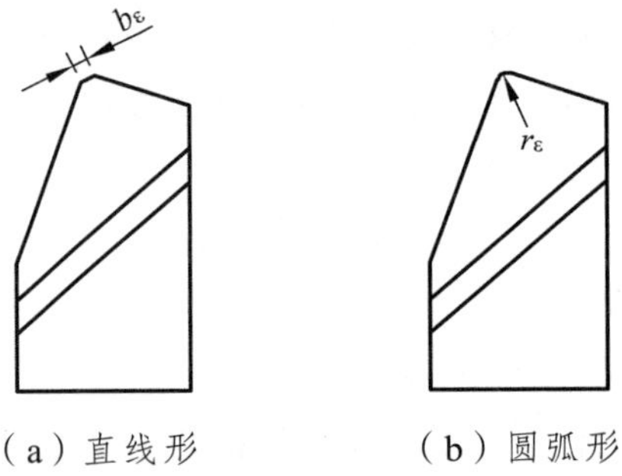

图 2-7　车刀的过渡刃

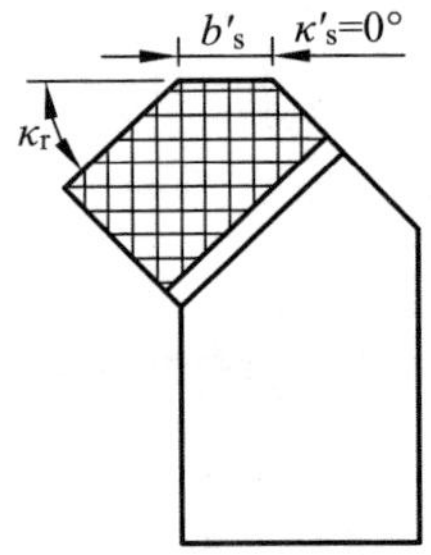

图 2-8　车刀的修光刃

1.4　车刀角度

1.4.1　三个辅助平面

为了确定和测量车刀的几何角度，通常假设三个辅助平面作为基准，即基面、切削平面和正交平面，如图 2-9 所示。

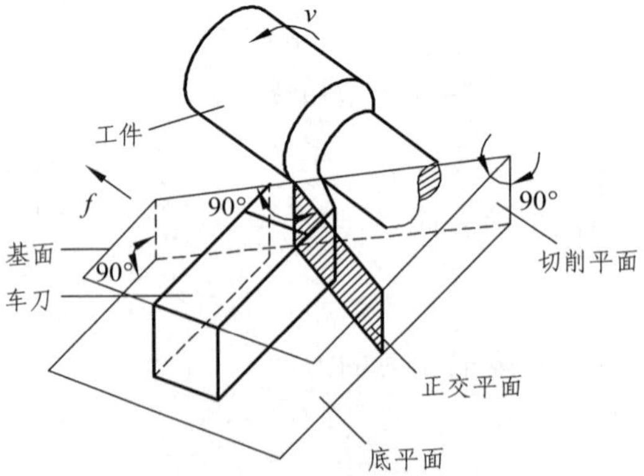

图 2-9　车刀的辅助平面

1. **基　面**

通过切削刃上选定点，并与该点切削速度方向垂直的平面（一般平行于车刀底面）。

2. **切削平面**

通过切削刃上选定点与切削刃相切并垂直于基面的平面。

3. **正交平面**

通过切削刃上选定点同时垂直于基面和切削平面的平面。

1.4.2　车刀的几何角度和作用

如图 2-10 所示，车刀切削部分主要有 6 个基本角度：前角 γ_0、主后角 α_0、副后角 α_0'、主偏角 κ_r、副偏角 κ_r'、刃倾角 $\lambda_{s\,s}$；还有 2 个派生角度：楔角 β_0、刀尖角 ε_r。

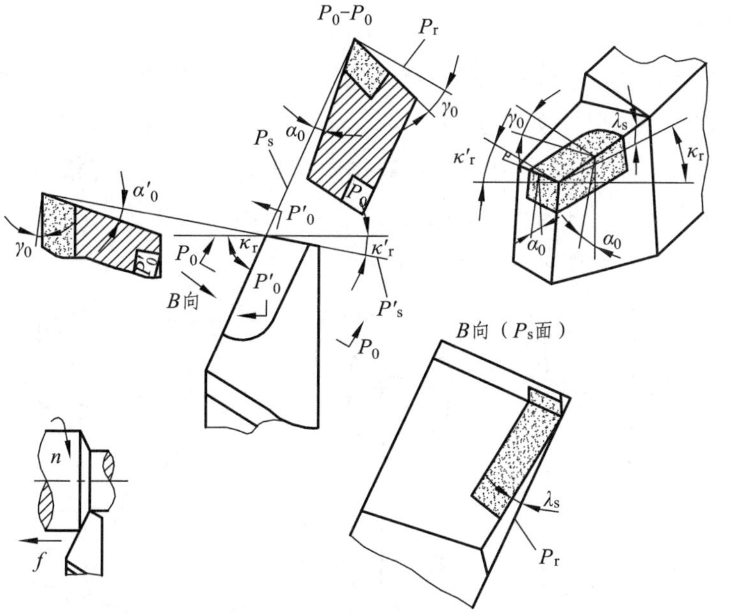

图 2-10　车刀的主要角度

1. **前角** γ_0

前角是前刀面和基面间的夹角。前角影响刃口的锋利程度和强度，影响切削变形和切削力。前角增大，能使刃口锋利，切削省力，排屑顺利；前角减小，能增加刀头强度和改善刀头的散热条件。其值一般选 5°～20°，精加工时，γ_0 取较大值。

2. **主后角** α_0

主后角是主后刀面和切削平面间的夹角，其作用是减小主后刀面与加工表面的摩擦。其值一般选 8°～12°，粗车或切削硬材料时取较小值，精车或切削软材料时取较大值。

3. **副后角** α_0'

副后角是副后刀面与切削平面间的夹角，其主要作用是减小车刀副后刀面与已加工表面的摩擦。一般副后角磨成与后角相等。

4. **主偏角** κ_r

主偏角为主切削刃在基面上的投影与进给方向的夹角，其作用是改变主切削刃和刀头的受力及散热情况。通常 κ_r 选 45°、60°、75°、90°几种。

5. **副偏角** κ_r'

副偏角是副切削刃在基面上的投影与进给方向的相反方向的夹角。其作用是减小副切削刃和工件已加工表面的摩擦。一般选取 κ_r' 为 5° ~ 15°，κ_r' 越大，残留面积越大，精加工时取小值。

6. **刃倾角** λ_s

刃倾角是主切削刃与基面的夹角，其主要作用是控制排屑方向，并影响刀头强度。λ_s 有正、负值和零三种情况，如图 2-11 所示。当刀尖位于主切削刃上的最高点时，$\lambda_s > 0$，如图 2-11（c）所示，刀尖强度削弱，切屑排向待加工表面，适宜精加工；当刀尖位于主切削刃上的最低点时，$\lambda_s < 0$，如图 2-11（b）所示，刀尖强度增加，切屑排向已加工表面，适宜粗加工。一般 λ_s 为 − 5° ~ 5°。

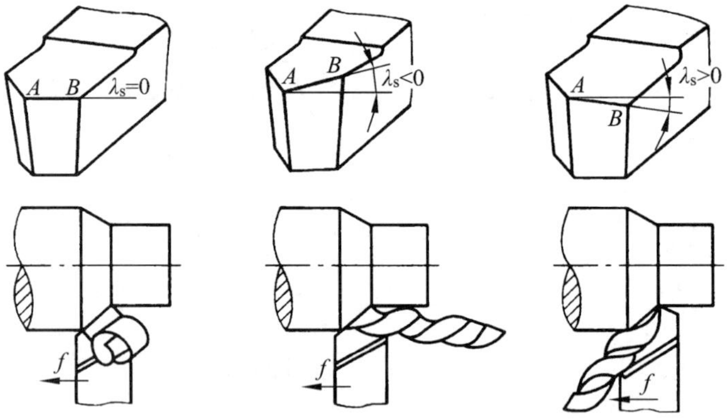

（a）$\lambda_s = 0$　　（b）$\lambda_s < 0$　　（c）$\lambda_s > 0$

图 2-11　车刀刃倾角的作用

7. **楔角** β_0

楔角是正交平面内前刀面与后刀面间的夹角。楔角影响刀头的强度。

8. **刀尖角** ε_r

刀尖角是主切削刃和副切削刃在基面上的投影夹角。刀尖角影响刀尖强度和散热条件。

1.4.3 砂轮的选用

1. 磨料的选择

磨料选择的主要依据是刀具的材料和热处理方法。刃磨硬质合金刀具通常选用绿色碳化硅磨料 GC；刃磨淬火高速钢刀具通常选用白刚玉 WA 或铬刚玉 PA 磨料；对于要求较高的硬质合金刀具（如铰刀等），可用人造金刚石 D 磨料。对于高钒高速钢工具，选用单晶刚玉 SA 磨料。

2. 硬度的选择

刃磨刀具时砂轮的硬度应选得软些。一般刃磨硬质合金刀具，硬度选用 H、J；刃磨高速钢刀具，硬度选用 H、K。

1.4.4 砂轮机的正确使用

（1）在磨刀前，要对砂轮机进行检查。例如，检查防护罩壳是否齐全；有托架的砂轮，其托架与砂轮之间的间隙在 3 mm 左右为宜。

（2）磨刀时，尽可能避免在砂轮端面上刃磨。

（3）砂轮磨削表面需经常修整，使砂轮没有明显的跳动，若有跳动一般可用金刚石砂轮刀进行修整。

（4）砂轮要经常检查，如发现砂轮有裂纹或太小，要及时更换。

（5）重新装夹砂轮后要进行检查，经试转后才可使用。

（6）刃磨结束后，应及时关闭砂轮机电源。

1.4.5 刃磨姿势

（1）刃磨时，人站在砂轮的侧面，与砂轮正面成 45°左右，避免因砂轮碎裂飞出伤人。

（2）两手握刀时，手肘应夹紧腰部，这样可以减少磨刀时的抖动。

（3）磨刀时，车刀应放在砂轮的水平中心，车刀接触砂轮后应沿水平方向左右移动。当车刀离开砂轮时，刀尖需向上抬起，以防磨好的切削刃被砂轮碰伤。

【思考与练习】

（1）常用车刀的种类有哪些？标出图 2-12 所示 45°外圆车刀的几何角度。

（2）什么叫修光刃？使用中有哪些要求？

（3）常用刀具切削部分的材料有哪些？切削铸铁类零件选择哪种类型的硬质合金？

（4）刃磨刀具常用的砂轮有哪几种？刃磨硬质合金刀具用哪种砂轮？

（5）写出刃磨外圆车刀的步骤及操作要点。

（6）利用废旧外圆车刀进行刃磨练习。

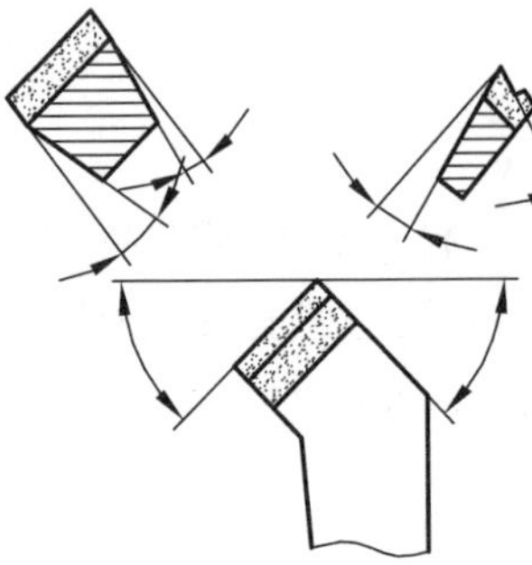

图 2-12

任务 2 车削台阶轴

【任务描述】

通过本任务的学习与训练，了解外圆车刀的特点及应用，掌握外圆车刀的装夹、车削台阶轴的方法和技能。

装刀、三角卡盘装工件

能力目标

（1）能合理选择外圆车刀；
（2）能正确装夹外圆车刀；
（3）基本能合理选择切削用量；
（4）能按图纸要求车削台阶轴并检测。

知识目标

（1）掌握外圆车刀的选用及安装；
（2）掌握车削台阶轴的步骤和方法；
（3）了解车削台阶轴时出现废品的原因及预防措施。
（4）了解车削细长轴的方法及特点。

素质目标

（1）培养学生爱岗敬业、团结合作的精神；
（2）增强学生的产品质量意识；
（3）养成安全、文明生产的良好习惯。

车削台阶轴

试切

长度尺寸控制

直径尺寸控制

【任务实施】

（1）完成图 2-13 所示零件的加工。

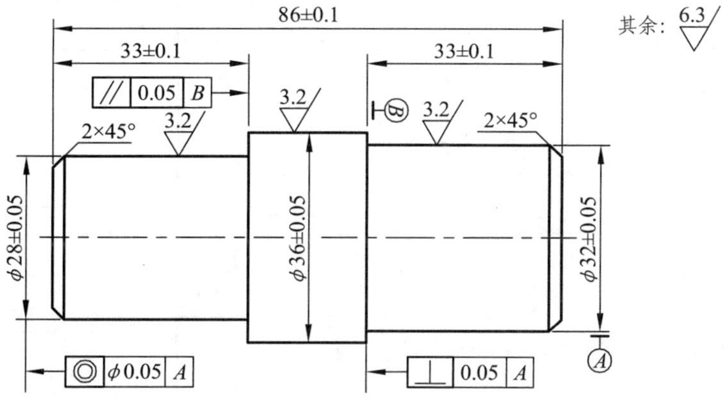

图 2-13　车削台阶轴

（2）设备、毛坯及材料：C6140、ϕ40 mm×90 mm，45#钢。

（3）选用工量具，见表 2-3。

表 2-3　选用工量具

序号	名称	规格	数量	备注
1	外圆刀	自选	1	
2	游标卡尺	自选	1	
3	钢直尺	自选	1	

（4）加工步骤及内容，见表 2-4。

表 2-4　加工步骤及内容

步骤	内容	工艺简图
1	检查毛坯尺寸ϕ40×90，确定装夹方法及加工余量	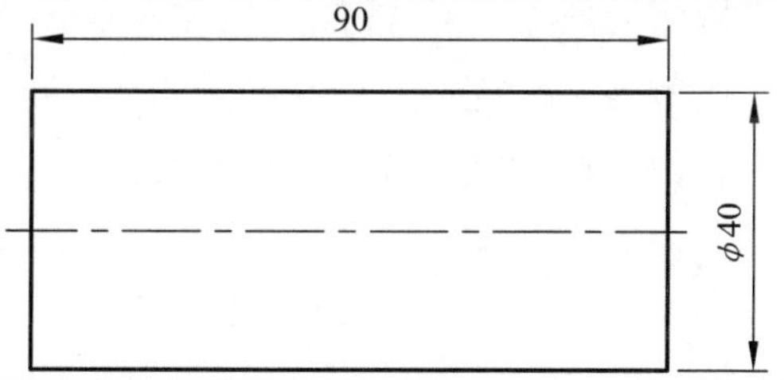
2	用三爪卡盘装夹工件，伸出约 60 mm；操作要点：卡盘夹头不得夹持工件凹凸面及飞边，并找正、夹紧	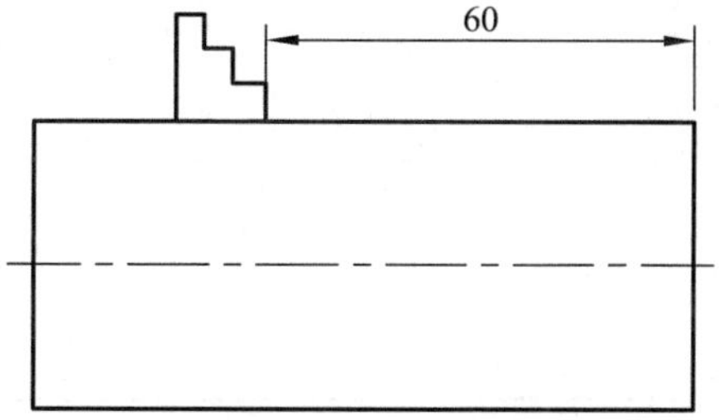

续表

步骤	内容	工艺简图
3	（1）用 45° 外圆车刀车端面，表面粗糙度控制在 *R*a6.3 μm； （2）用 90° 外圆车刀分别粗、精车外圆至 *ϕ*36 mm、长 55 mm，表面粗糙度控制在 *R*a3.2 μm	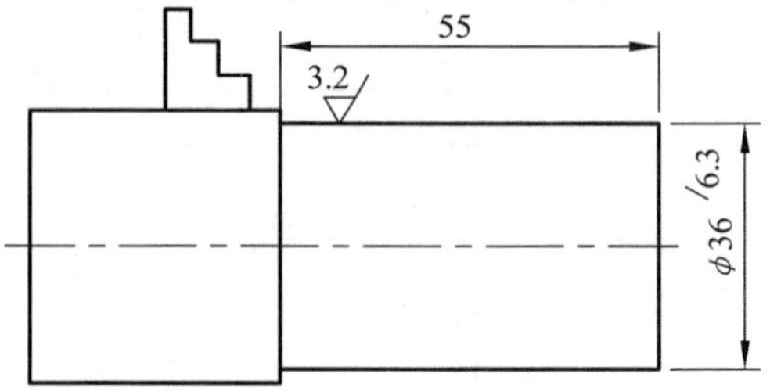
4	（1）用 90° 外圆车刀分别粗、精车外圆至 *ϕ*32 mm、长 33 mm，表面粗糙度控制在 *R*a3.2 μm； （2）用 45° 外圆车刀车倒角 2×45°	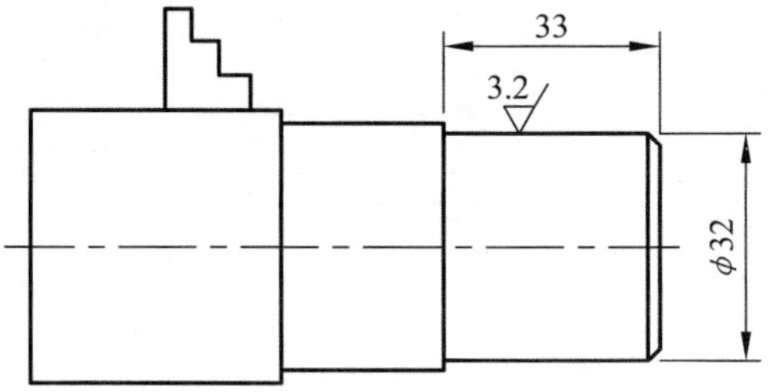
5	掉头装夹工件，夹住 *ϕ*32 外圆。 操作要点：使得夹头端面与轴肩部分贴紧	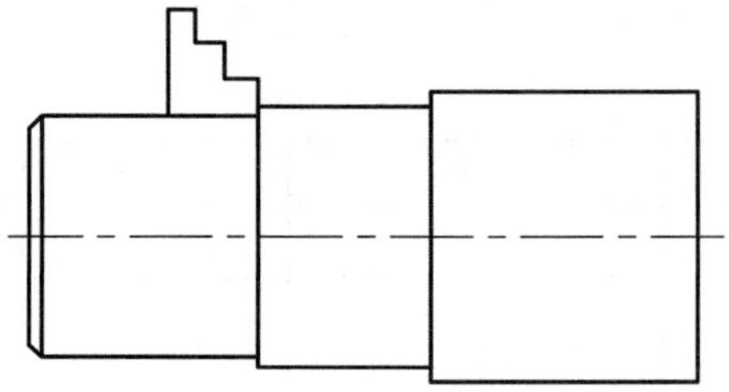
6	（1）用 45° 外圆车刀平端面控制总长为 86 mm，表面粗糙度控制在 *R*a6.3 μm； （2）用 90° 外圆车刀分别粗、精车外圆至 *ϕ*28 mm、长 33 mm，表面粗糙度控制在 *R*a3.2 μm； （3）用 45°外圆车刀车倒角 2×45°	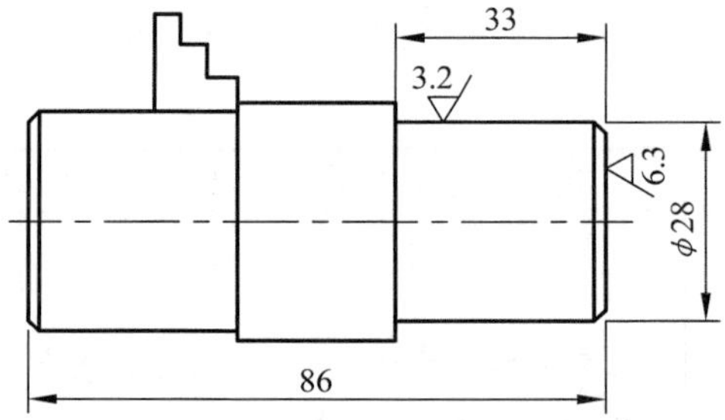
7	检测	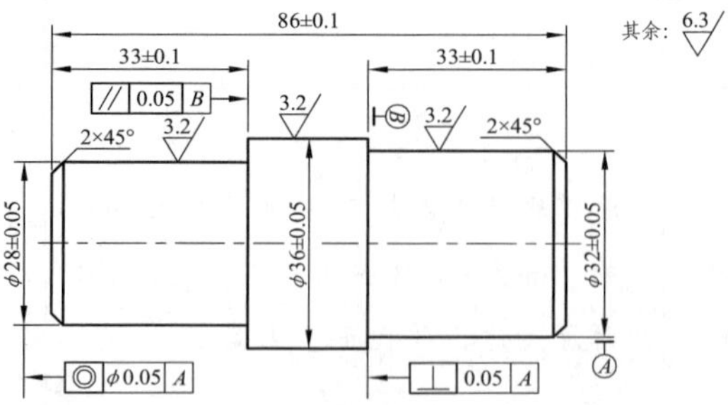

（5）任务评价（详见附表 3-7）。

操作提示：

• 先检查车床的运转情况，将操作物品合理摆放，审图并检查备料尺寸。

• 装夹外圆车刀应注意：车削端面时主偏角应大于 90°；车削外圆时副偏角应大于 0°。

• 使用刻度盘时当刻度线转到超过所需的格数时，必须向相反方向退半圈后再转到需要格数（消除丝杠与螺母之间的间隙），不可以直接退回超过的格数。

• 机动进给车削外圆时，应提前关闭机动进给（当床鞍刻度指示离长度尺寸还有 2 ~ 3 mm 时），用手动进给到长度尺寸以防止台阶长度超差。

• 当精车到台阶轴轴肩部分时应在纵向多进 0.2 mm 左右再横向退出车刀，以车平轴肩面。

• 为了防止台阶轴同轴度误差，确定加工步骤时应尽量避免多次装夹。

• 表面粗糙度达不到要求的原因：车刀伸出太长引起振动；工件刚性不足引起振动；没有分别粗、精车或切削用量选用不当。

【知识链接】

2.1 切削用量及其选择

切削用量是衡量切削运动大小的参数，它包括切削速度、进给量、背吃刀量这三个要素。合理选择切削用量是保证加工零件质量、提高生产效率、降低成本的有效方法之一。

2.1.1 切削速度

车削时，将工件加工表面最大直径处主运动的线速度称作切削速度，用 v_c 表示。切削速度是衡量主运动大小的参数，其计算公式为：

$$v_c = \pi d_w n / 1\,000$$

式中 v_c——切削速度，（mm/min）；

d_w——工件待加工表面直径，mm；

n——车床主轴转速，（r/min）。

2.1.2 进给量

工件每旋转一周，车刀沿进给方向移动的距离称作进给量，用 f 表示，如图 2-14 所示。进给量是衡量进给运动大小的参数。

2.1.3 背吃刀量

工件的已加工表面和待加工表面之间的垂直距离称作背吃刀量，用 a_p 表示，就是每次走刀时车刀切入工件的深度，如图 2-14 所示。

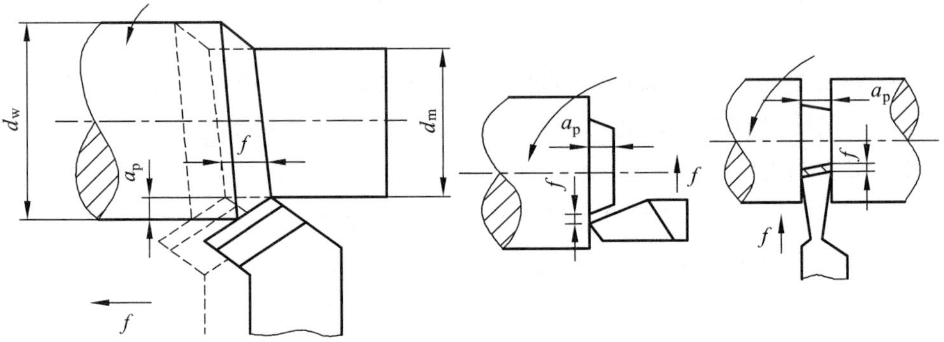

图 2-14　进给量和背吃刀量

2.1.4 切削用量的选择

粗车时，应考虑提高生产效率并保证合理的刀具寿命。首先要选择较大的背吃刀量，然后再选择较大的进给量，最后根据刀具寿命选用合理的切削速度。

半精车和精车时，必须保证加工精度和表面质量，同时还必须兼顾刀具寿命和生产效率。

1. 切削速度 v_c 的选择原则

在保证合理的刀具寿命前提下，可根据生产经验和相关手册确定切削速度，断续切削、车削细长轴、加工大型偏心工件的切削速度不宜太高。用硬质合金车刀精车时，一般多采用较高的切削速度（80 m/min 以上）；用高速钢车刀时宜采用较低的切削速度。在实作训练时，由于操作者处在初学阶段，切削速度应选取较低值（比较安全，便于操作）。

2. 进给量 f 的选择原则

粗车时，选择进给量主要应考虑车床进给机构的强度、刀杆尺寸、刀片厚度、工件直径和长度等因素，在工艺系统刚性和强度允许的情况下，可选用较大的进给量，通常在 0.3 ~ 1.2 mm/r 选取（可在相关手册中查找）。

半精车和精车时，为了减少工艺系统的弹性变形，进一步减小已加工表面的表面粗糙度值，一般应选用较小的进给量，通常在 0.1 ~ 0.6 mm/r 选取。

3. 背吃刀量 a_p 的选择原则

粗车时的背吃刀量应根据工件的加工余量和工艺系统的刚性来选择。在保留半精车余量（1 ~ 3 mm）和精车余量（0.1 ~ 0.5 mm）后，其他加工余量应尽量一次车去。

半精车和精车时的背吃刀量是根据加工精度和表面粗糙度要求由粗车后留下的余量来确定的，原则上是在一次进给过程中切除。若工件的表面粗糙度要求高，一次进给无法达到表面粗糙度要求时，应分两次进给，但最后一刀的背吃刀量不得小于 0.1 mm，否则很难达到工件的表面粗糙度要求。

2.2 车端面的方法

车端面常用 90°车刀和 45°车刀，精车时应选用 90°车刀。安装时，刀尖要对准工件中心。

用 45°车刀车端面如图 2-15（a）所示，可选用大的背吃刀量，表面光洁，应用较多；用 90°车刀从外向中心进给车端面如图 2-15（b）所示，用于车削较小的端面或台阶面；用 90°车刀从中心向外进给车端面如图 2-15（c）所示，用于车削带孔的端面或台阶面；用左偏刀车端面如图 2-15（d）所示，刀头强度好，用于车削较大端面，尤其是铸件、锻件的大端面。

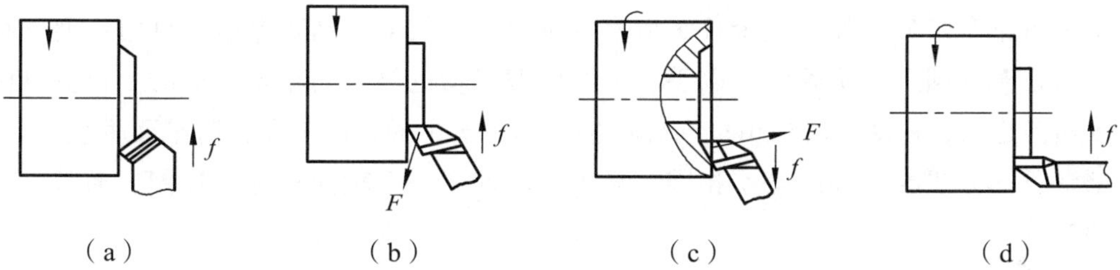

图 2-15 车端面的几种方法

2.3 车外圆的方法

车外圆常用 90°车刀、75°车刀和 45°车刀，75°外圆车刀可用于粗车外圆，45°弯头车刀可用于车外圆、端面和倒角，90°偏刀可用于车外圆或有垂直台阶的外圆。

2.3.1 对 刀

启动车床，移动床鞍和中拖板，使车刀刀尖与工件表面轻微接触，以此刻度作为确定背吃刀量的零点位置（亦可转动刻度盘，将刻度对准 0）。

2.3.2 试切削

移动床鞍试切削外圆，试切长度约 2 mm；向右移动床鞍，退出车刀，进行测量；根据测量尺寸调整背吃刀量，如图 2-16 所示。

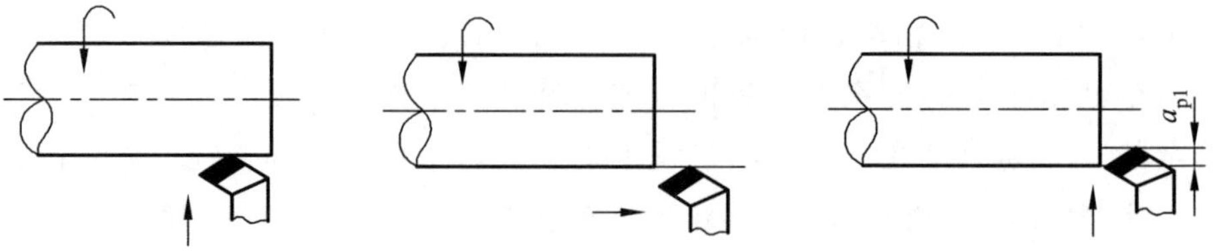

（a）开车对接触点　（b）向右退出车刀　（c）横向进背吃刀量 a_{p1}

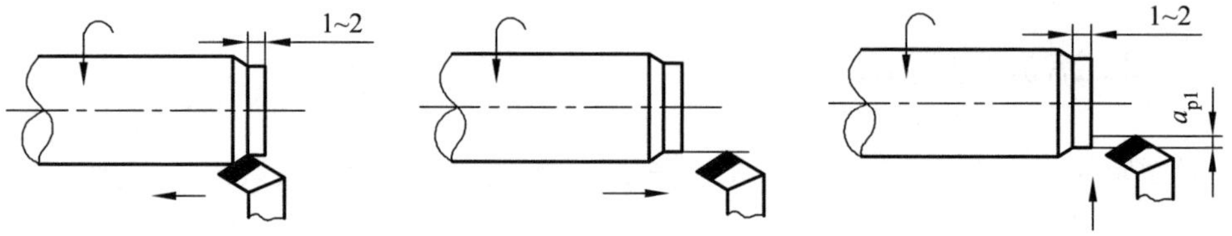

（d）纵向切削 1 ~ 2 mm　（e）退刀、停车、度量　（f）如未到尺寸，再进背吃刀量 a_{p2}

图 2-16　试切削的步骤

2.4　测量和控制台阶长度的方法

车削台阶工件，一般分粗车、精车进行。粗车时的台阶长度除第一级台阶长度略短些（留精车余量）外，其余各级可直接车至要求长度。精车台阶工件时，通常在机动进给精车外圆至台阶处时，以手动进给代替机动进给。当车至平面时，再变纵向进给为横向进给，移动中滑板由里向外慢慢精车台阶平面，以确保台阶平面垂直轴心线。车削台阶的方法与车外圆基本相同，只不过增加了一个轴向尺寸的控制，通常有以下几种控制方法。

2.4.1　刻线法

车削前，根据台阶长度先用刀尖在工件表面刻线痕，如图 2-17 所示，然后按线痕进行粗车。当粗车完毕时，台阶长度已基本符合要求。在精车外圆的同时，一起把台阶长度车准。其测量方法通常用钢直尺检查，如精度要求较高时，可用样板、深度游标卡尺、卡板等测量，如图 2-18 所示。

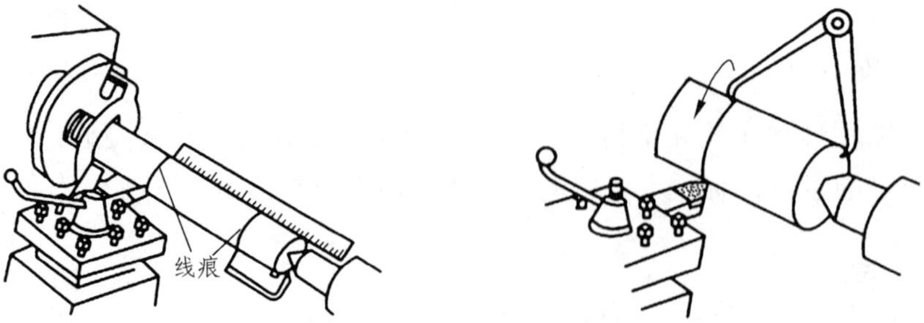

（a）用钢直尺和样板刻线痕　（b）用内卡钳刻线痕

图 2-17　刻线法确定车削长度

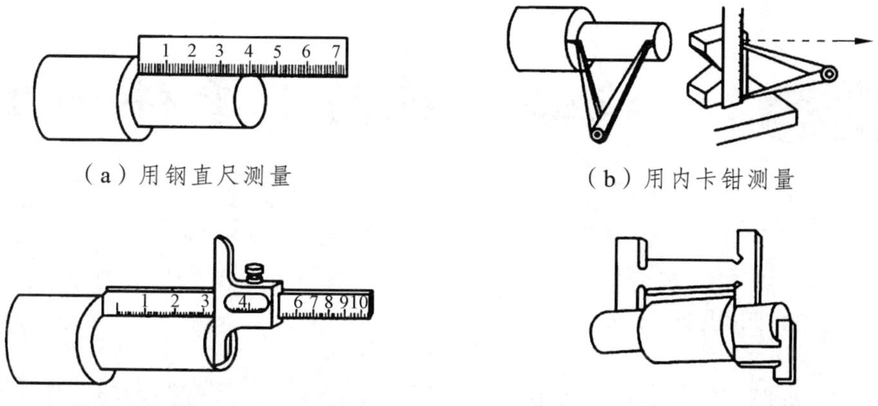

（a）用钢直尺测量　　（b）用内卡钳测量

（c）用深度游标卡尺测量　　（d）用挡铁测量

图 2-18　测量台阶长度

2.4.2　刻度盘控制法

将床鞍由尾座向主轴方向移动，把车刀摇至工件的右端，使车刀接触端面，调整床鞍刻度盘到零线。然后根据车削台阶长度，计算出刻度盘应转动格数，控制车削长度。

【思考与练习】

（1）车端面时，可以选用哪几种车刀？分析各种车刀车端面时的优缺点，各适用于什么情况？

（2）试说明车削的切削用量（包括名称、定义和单位）。

（3）将一工件外圆直径从 $\phi40$ mm 一次走刀车至 $\phi36$ mm，已知主轴转速 n=400 r/min，车刀移动速度 v_f=80 mm/min。试求切削速度 v_c、进给量 f、背吃刀量 a_p。

（4）简述细长轴的车削特点及解决办法。

（5）完成图 2-19 所示零件（毛坯尺寸为 ϕ 40×120）的加工，要求：确定切削参数、编制加工步骤并绘制工艺简图。

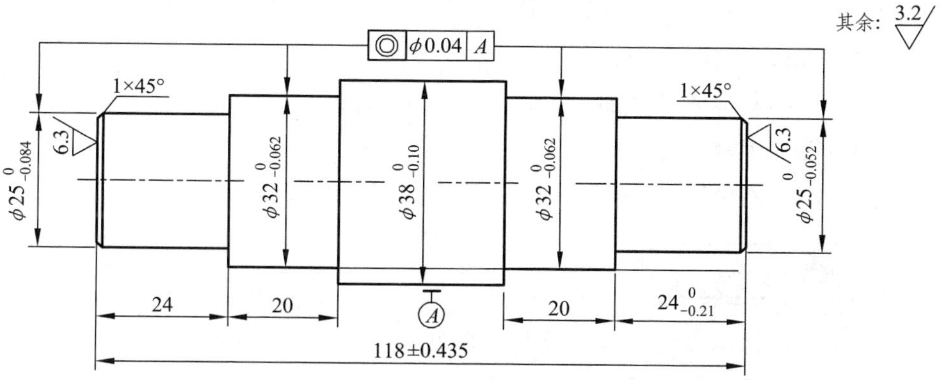

图 2-19

项目 3 锥体（锥面）零件加工

【项目简述】

在机器中，要求定位准确，且能传递一定转矩，经常拆卸的工作配合件上，常常使用锥面。锥面分为外锥面和内锥面（即锥孔）。锥面具有配合紧密，拆卸方便，多次拆装仍能保持精确的对中性能。本项目通过完成图 3-1 所示锥体零件的加工，掌握车沟槽、车锥面和切断刀刃磨的相关知识和技能。

该零件是项目 2 台阶轴的车削的后续项目，在项目 2 中所做零件的基础上，右端进行锥体的加工。加工锥体时，采用小拖板转位法。

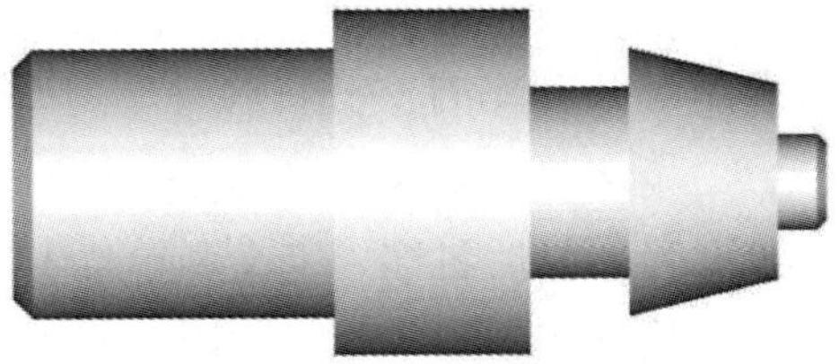

图 3-1　锥体零件

能力目标

（1）会识读和绘制含锥体零件图；

（2）会刃磨切断车刀；

（3）会编制锥体零件加工工艺；

（4）能加工锥体零件；

（5）能检测锥体零件。

知识目标

（1）掌握锥体零件图的识读与绘制知识；

（2）掌握锥体零件的加工和检查方法。

素质目标

（1）进一步强化安全生产意识、巩固文明生产的职业习惯；
（2）培养学生积极动手、团结协作、举一反三的能力。

任务1 切断（车槽）刀的刃磨

【任务描述】

本任务通过学习切断刀的相关知识，进一步掌握砂轮机的使用及切断刀的刃磨方法。

能力目标

能按要求刃磨切断刀。

切断（车槽）刀的刃磨

知识目标

（1）掌握切断刀的几何角度及要求；
（2）掌握切断刀的特性和刃磨要求。

素质目标

进一步培养学生规范操作，文明生产的好习惯。

【任务实施】

（1）完成图3-2所示切断刀的刃磨。

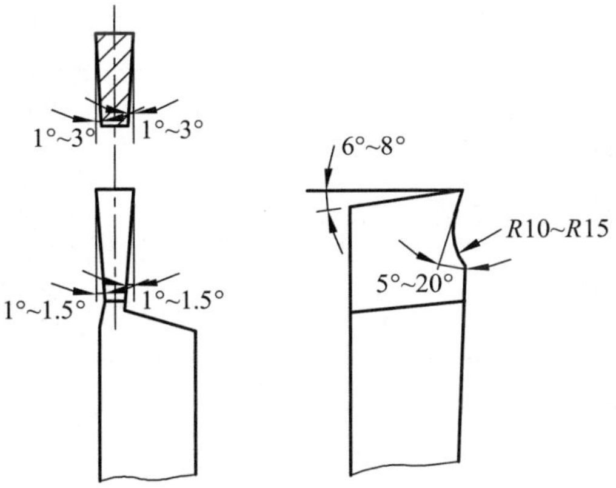

图3-2　切断刀的刃磨

（2）选用设备、工量具，见表 3-1。

表 3-1　选用工量具

序号	名称	规格	数量	备注
1	砂轮机	学校提供规格	1	
2	切断刀	学校提供规格	1	
3	量角器	学校提供规格	1	

（3）加工步骤及内容，见表 3-2。

表 3-2　加工步骤及内容

步骤	内容	工艺简图
1	粗、精磨左侧副后面。 注：① 双手握刀，前刀面向上； ② 副后角控制在 1°～3°，副偏角控制在 1°～1.5°	
2	粗、精磨右侧副后面。 注：① 双手握刀，前刀面向上； ② 副后角控制在 1°～3°，副偏角控制在 1°～1.5°	
3	粗、精磨主后面。 注：① 双手握刀，前刀面向上； ② 保证后角在 6°～8°	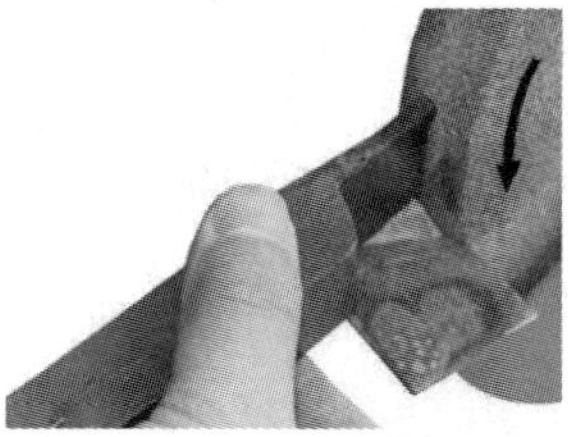
4	粗、精磨前面和前角 注：① 车刀横放，前面对着砂轮，刃磨前刀面； ② 保证前角在 5°～20°	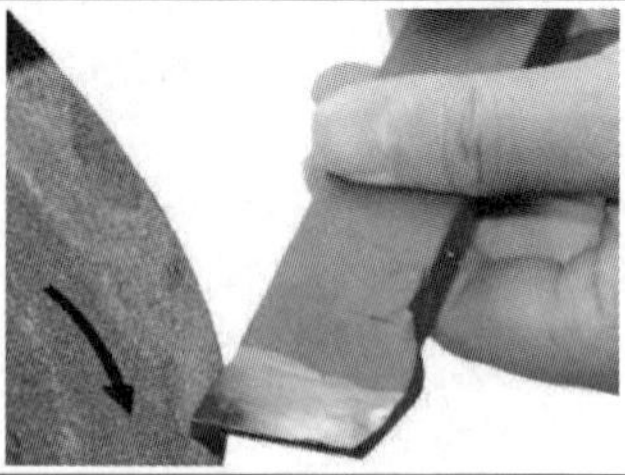

（4）任务评价（见附表 3-8）。

操作提示：

• 切断刀的卷屑槽不宜磨得太深，一般取 0.75～1.5 mm 即可。

• 刃磨切断刀和车槽刀的两侧副后角时，应以车刀的前刀面为基准，两侧要对称。
• 刃磨切断刀和车槽刀时，两侧副偏角不能太大。
• 刃磨高速钢车刀时应经常蘸水冷却，防止车刀退火。

【知识链接】

1.1 车槽刀和切断刀的特性

直型车槽刀和切断刀几何形状基本相同。切断刀和车槽刀以横向进给为主，前段的切削刃为主切削刃，两侧的切削刃为副切削刃。一般切断刀的主切削刃比较窄，刀体较长，所以刀体强度差，在选择刀体的几何参数和切削用量时，特别要注意提高切断刀的强度问题。

1.2 切断刀的种类

1. 高速钢切断刀

刀头与刀柄是用同一种材料锻造而成，每当切断刀损坏后，可以经过锻打后再使用。因此比较经济，是目前使用较广泛的一种，如图 3-3（a）所示。

2. 硬质合金切断刀

刀头用硬质合金焊接而成，适用于高速切削，如图 3-3（b）所示。

3. 弹性切断刀

将切断刀做成刀片后装夹在弹性刀柄上，既节省材料，又富有弹性，如图 3-3（c）所示。

4. 反切刀

切削较大工件时由于刀头长，刚性较差引起振动，这时可以采用反向切断法，即工件反转，用反切刀来切断，如图 3-3（d）所示。

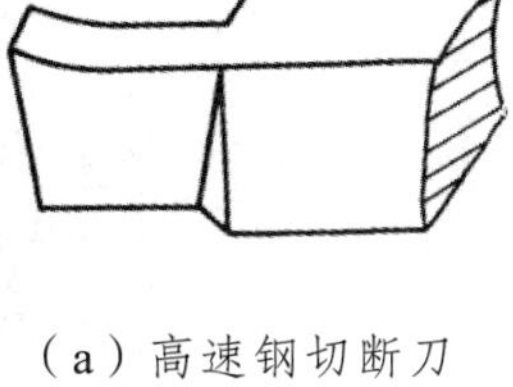

（a）高速钢切断刀

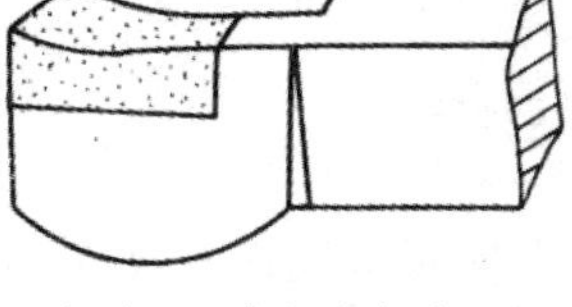

（b）硬质合金切断刀

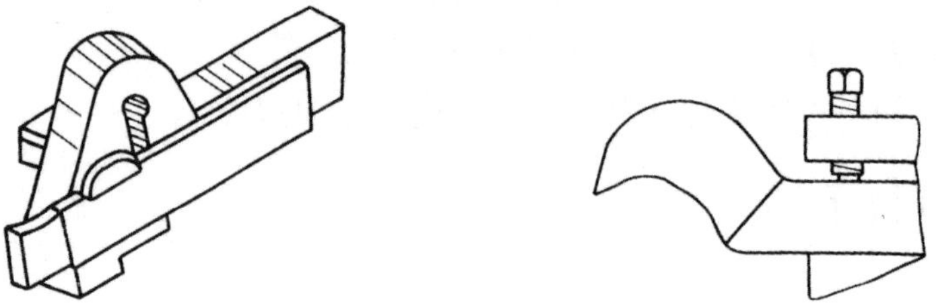

（c）弹性切断刀　　　　（d）反切刀

图 3-3　切断刀的种类

【思考与练习】

（1）切断刀的种类及适用范围。

（2）画图标注切断刀的副后面，主后面，前面和前角的位置。

任务 2　车外圆沟槽

【任务描述】

在工件上车削各种形状的槽叫作车沟槽。外圆和平面上的沟槽叫作外沟槽，内孔的沟槽叫作内沟槽。通过本任务的学习与训练，掌握车外圆沟槽的方法与技能。

能力目标

（1）正确安装车槽刀；

（2）正确使用车槽刀完成沟槽的车削加工。

知识目标

（1）掌握沟槽的定义和种类；

（2）掌握车槽刀的安装方法及注意事项。

素质目标

（1）培养学生规范操作，文明生产的好习惯；

（2）培养 7S 管理素养；

（3）能独立思考，养成吃苦耐劳和精益求精的作风。

切断

切外槽

车外圆沟槽

【任务实施】

（1）车外圆沟槽，如图 3-4 所示。

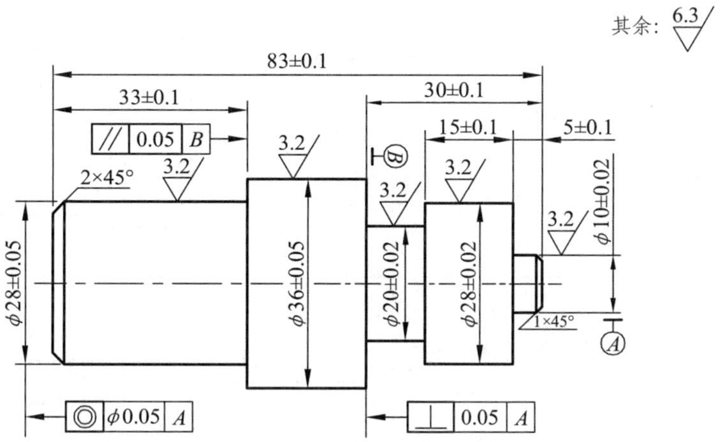

图 3-4　车外圆沟槽

（2）设备、毛坯及材料：C6140，图 3-3 所示的工件，45#钢。

（3）选用工量具，见表 3-3。

表 3-3　选用工量具

序号	名称	规格	数量	备注
1	切断刀	自选	1	
2	外圆车刀	自选	1	
3	游标卡尺	自选	1	

（4）加工步骤及内容，见表 3-4。

表 3-4　加工步骤和内容

步骤	内容	工艺简图
1	检查毛坯尺寸，确定装夹方法和加工余量	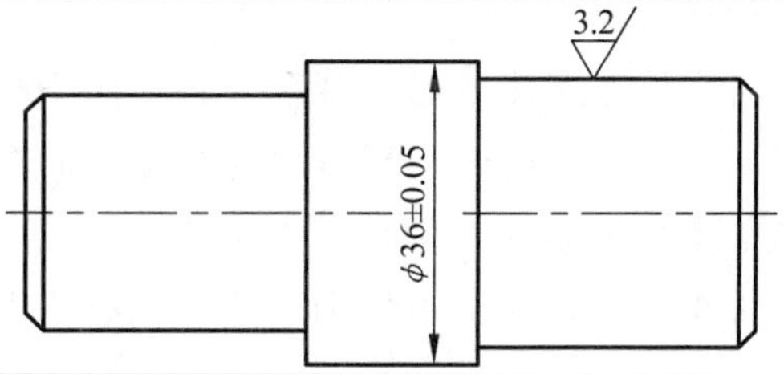
2	（1）用三角卡盘夹持左端 ϕ28 圆柱体，注意轴肩部分与卡盘端面贴紧； （2）用外圆车刀平端面，表面粗糙度控制在 Ra6.3 μm	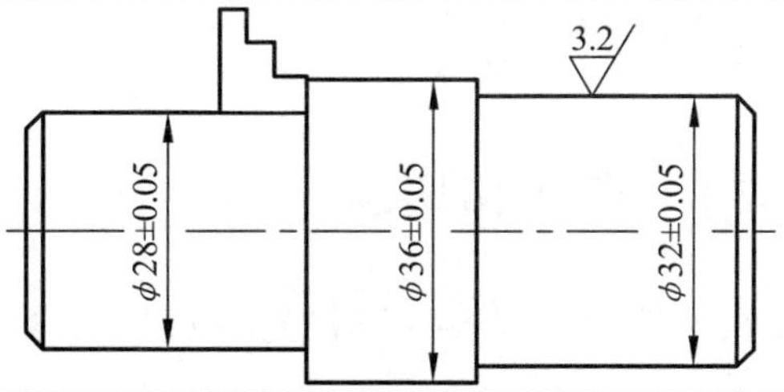

续表

步骤	内容	工艺简图
3	（1）用外圆车刀分别粗、精车外圆 ϕ10 至尺寸，长度为 5，表面粗糙度控制在 Ra3.2 μm； （2）用切断刀倒角 1×45°	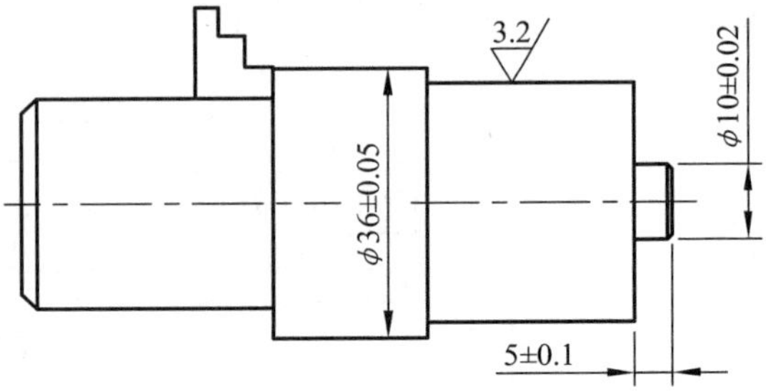
4	（1）用切断刀分粗、精车槽 ϕ20 至尺寸，控制沟槽长 10，同时保证锥体长 15，表面粗糙度控制在 Ra3.2 μm； （2）用外圆车刀粗、精车右端外圆 ϕ28 至尺寸，表面粗糙度控制在 Ra3.2 μm	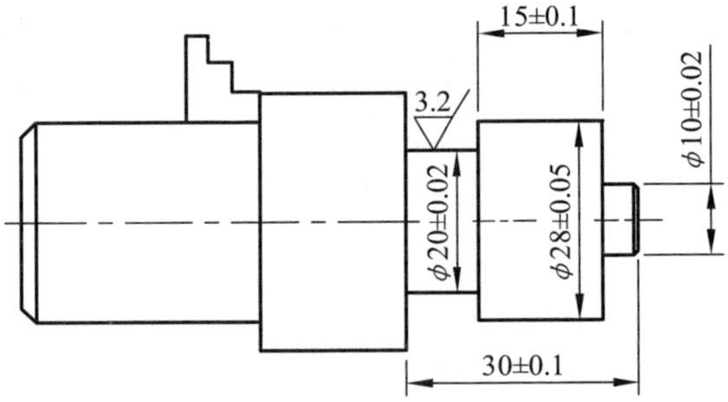
5	检测	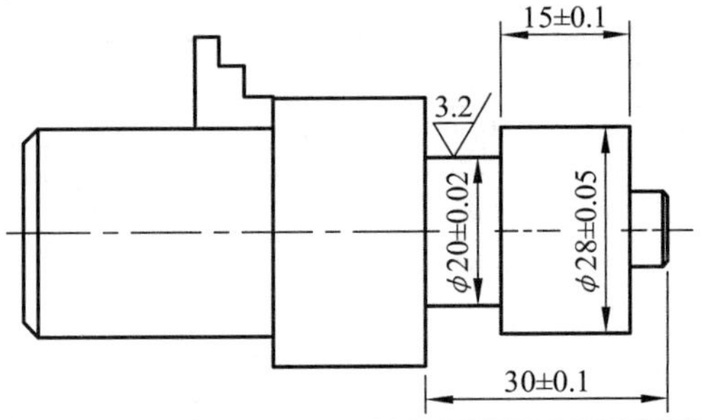

（5）任务评价（详见附表 3-9）。

操作提示：

- 先检查车床的运转情况，将操作物品合理摆放，审图并检查备料尺寸。
- 工件装夹时轴肩部分应与卡盘侧面贴紧，这样容易找正。
- 车槽刀装夹时应垂直于工件轴心线，否则切削时容易断刀。
- 车外圆槽时，主切削刃应与轴心线平行，否则车成的槽底直径不一样大。

【知识链接】

2.1 车槽和切断

在工件上车削各种形状的槽叫车沟槽。外圆和平面上的沟槽叫外沟槽，内孔的沟槽叫内沟槽。外圆沟槽的种类和形状很多，常见的外沟槽有矩形沟槽，圆弧沟槽和梯形沟槽等，如图 3-5 所示。

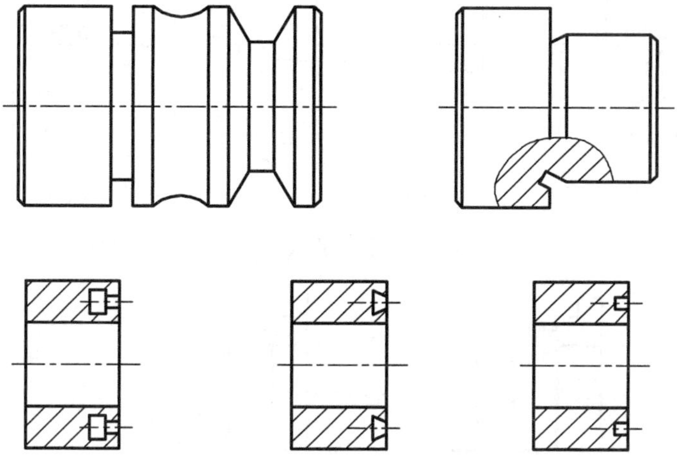

图 3-5　常见的外沟槽

沟槽的作用通常是使所装配的零件有正确的轴向位置，在磨削、车螺纹、插齿等加工过程中便于退刀。

在车床上把较长的棒料切断或将车削完毕的工件从原材料上切下，这样的加工方法叫作切断。切断与切槽最大的区别在于：切断时车刀过工件轴心而切槽时不过。

2.2　车槽刀的安装

车外圆沟槽时，车槽刀安装应垂直于工件中心线，主切削刃对准工件旋转中心，车刀伸出长度约为 1.5 倍刀厚。

2.3　外圆沟槽的车削方法

（1）车削精度不高或宽度较窄的沟槽时，可用刀宽等于槽宽的车槽刀，采用一次直进法车出如图 3-6（a）所示的沟槽。

（2）有精度要求的沟槽，一般采取先直进法粗车如图 3-6（b）所示的槽壁两侧和槽的外径留出余量，然后再根据槽的尺寸要求进行精车。

（3）车削较宽的沟槽时，可采用多次直进法切割如图 3-6（c）所示，并在槽壁和槽的外径留出余量，然后再根据槽的尺寸要求进行精车。

（4）车削较小的梯形槽时，一般以成形刀一次完成，较大的梯形槽通常先切割直槽，然后用梯形刀直进法或左右切削法完成，如图 3-7 所示。

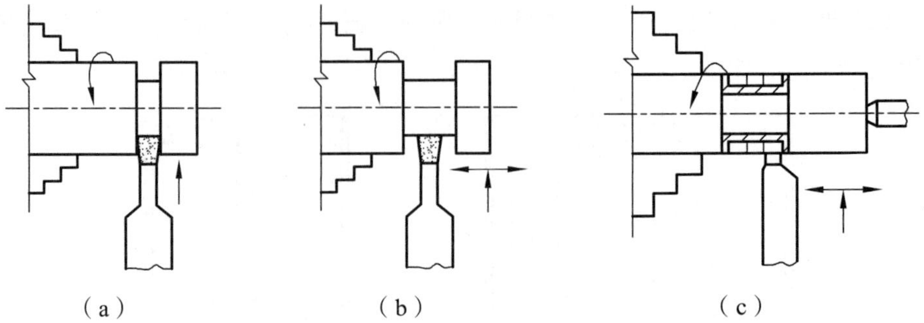

图 3-6　外圆沟槽的车削方法

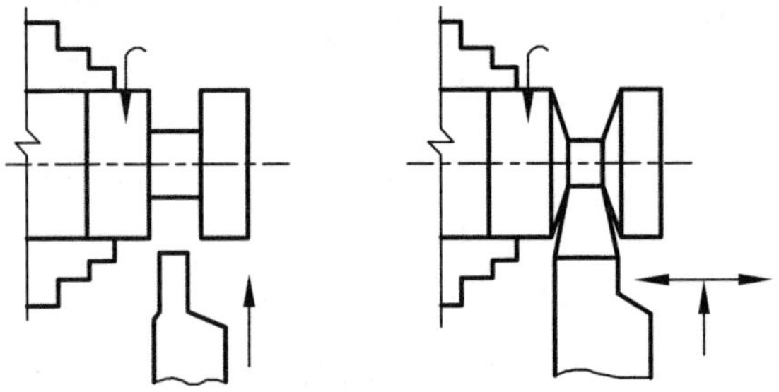

图 3-7　梯形槽的车削方法

【思考与练习】

（1）外圆沟槽的种类有哪些?

（2）车削精度不高的沟槽和车削有精度要求的沟槽时，车削方法有什么不同?

（3）完成如图 3-8 所示零件的加工。要求：确定切削参数，编制加工步骤并绘制工艺简图。

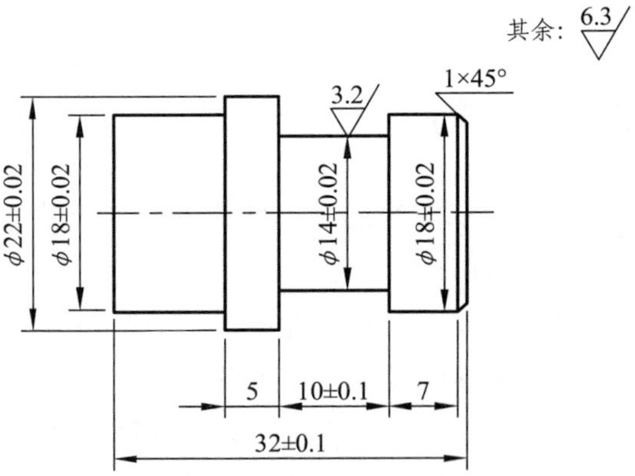

图 3-8

任务 3　转动小拖板法车圆锥

【任务描述】

车圆锥的方法有：转动小拖板法、尾座偏移法、靠模法、宽刀法等。本任务通过完成图 3-7 所示零件的加工，掌握转动小拖板法车圆锥及检测圆锥的方法。

能力目标

（1）能用转动小拖板法车圆锥；

（2）会使用相应量具测定锥度。

转动小拖板法车圆锥

知识目标

（1）了解锥度的基本知识，掌握小拖板转动角度的计算；

（2）掌握转动小拖板法车圆锥的方法、步骤及锥体的检测方法。

素质目标

培养学生规范操作，文明生产的好习惯。

车外圆锥面

【任务实施】

（1）车锥体（锥面），如图 3-9 所示。

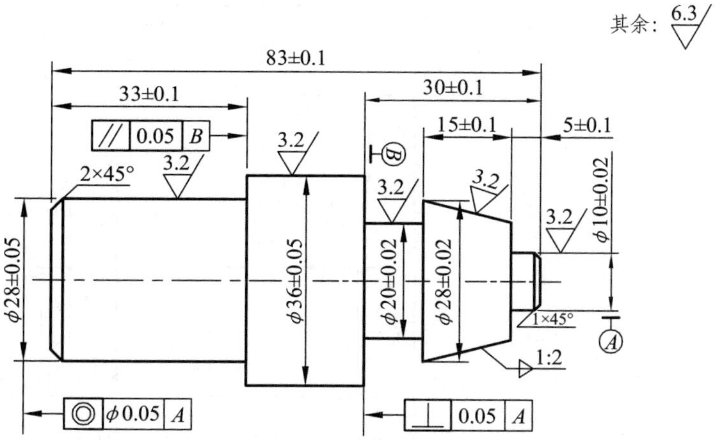

图 3-9　锥体零件

（2）设备、毛坯及材料：C6140、图 3-8 所示工件，45#钢。

（3）选用工量具，见表 3-5。

表 3-5　选用工量具

序号	名称	规格	数量	备注
1	外圆车刀	自选	1	
2	游标卡尺	自选	1	
3	套规	自选	1	

（4）加工步骤及内容，见表 3-6。

表 3-6　加工步骤和内容

步骤	内容	工艺简图
1	检查毛坯尺寸，确定装夹方法和加工余量	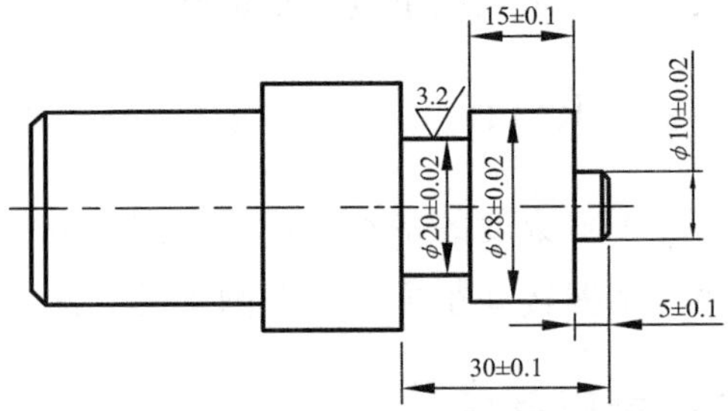
2	计算小端直径及圆锥半角 $\alpha/2$	
3	（1）松开小拖板紧固螺丝，转动小拖板 $\alpha/2$，锁紧； （2）用外圆车刀粗车锥面，留精车余量 0.5 mm； （3）用外圆车刀精车锥面至尺寸要求，表面粗糙度控制在 $Ra3.2\ \mu m$。 注：粗车圆锥时，小拖板转动角度应遵循“宁大勿小、逐步修正”的原则	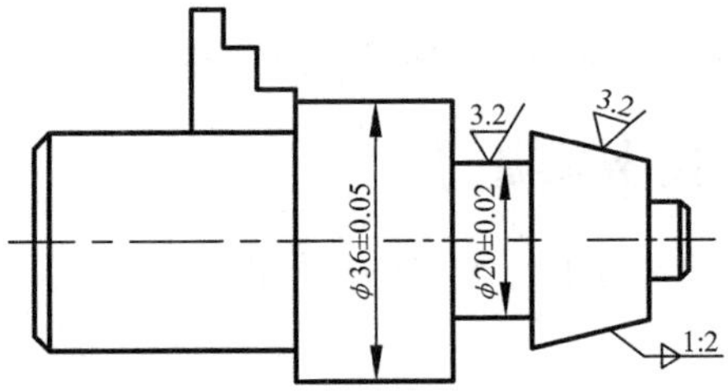
4	检测	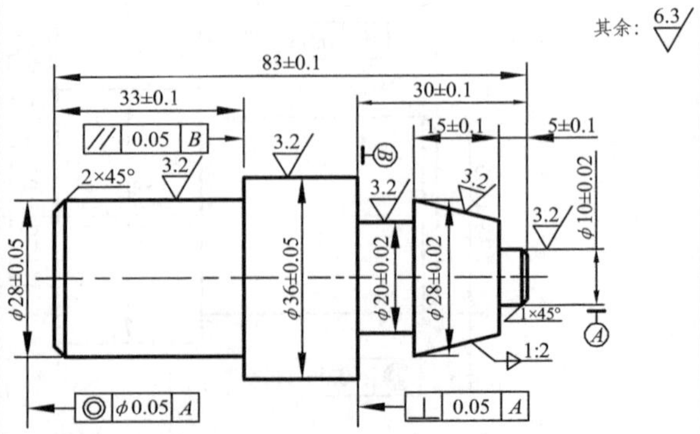

（5）任务评价（详见附录 3 表 3-10）。

操作提示：

- 先检查车床的运转情况，将操作物品合理摆放，审图并检查备料尺寸。
- 用扳手松开小拖板下面的紧固螺母时，要小心扳手打滑而碰伤手。
- 因小拖板只能手动进给，故应匀速转动手柄以保证表面粗糙度要求。
- 粗车时，小拖板转动角度一次很难调整到位，故应通过试车削来逐步修正。

【知识链接】

3.1　锥面的应用

因锥面配合紧密，拆装方便，多次拆装后仍能保持精确的对中性，因此被广泛应用于要求定位准确，能传递一定转矩和经常拆卸的配合件上，如图 3-10 所示。

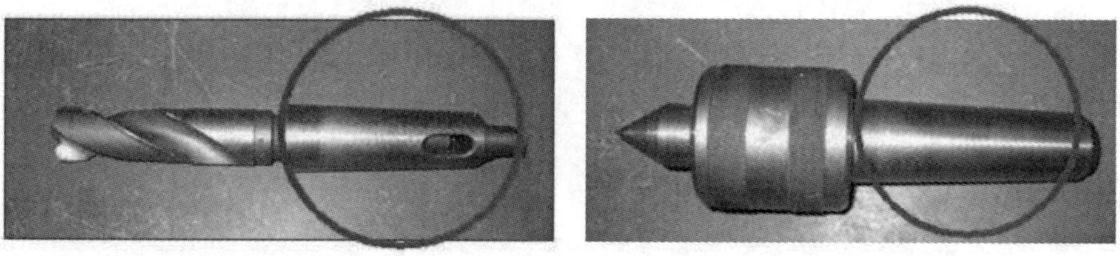

图 3-10　锥面的应用

3.2　锥度的概念及相关计算

1. 锥度的定义

锥度是两个垂直圆锥轴线截面的圆锥直径差与该两截面间的轴向距离之比，用 C 表示。锥度计算式为：

$$C=\frac{D-d}{L}=2\tan\frac{\alpha}{2}$$

式中　$\alpha/2$——圆锥半角；

α——锥顶角；

C——圆锥体的锥度；

D——最大圆锥直径，简称大端直径，mm；

d——最小圆锥直径，简称小端直径，mm；

L——最大圆锥直径处与最小圆锥直径处的轴向距离，mm。

锥度也可以用简化的形式 1∶n 表示。

锥度的标注用图形符号 ◁ 表示。在与引出线相连的基准线上，注意符号所示的方向应与锥度方向一致，如图 3-11 所示。

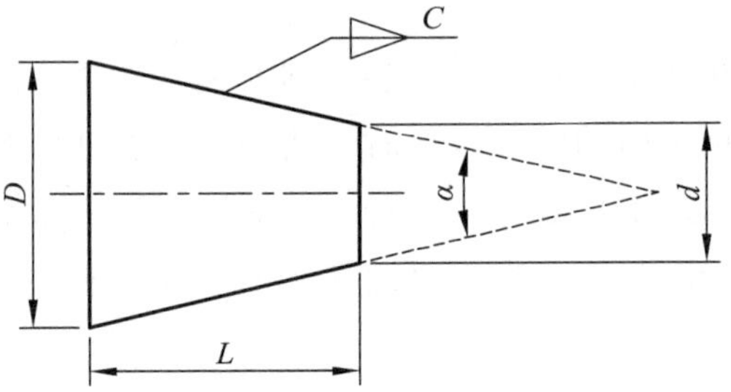

图 3-11 锥度的标注及尺寸关系

2. 小拖板转动角度的计算

小拖板转动角度的计算根据被加工零件给定的已知条件，可以用下面公式计算圆锥半角，即

$$\tan\frac{\alpha}{2}=\frac{C}{2}=\frac{D-d}{2L}$$

如果 $\frac{\alpha}{2}$ 较小，且在 1° ~ 13°，可以用乘上一个常数的近似方法来计算，即

$$\frac{\alpha}{2}=常数\times\frac{D-d}{L}$$

常数可以从表 3-7 中查得。

表 3-7 小拖板转动角度近似公式常数

$\frac{D-d}{L}$ 或 C	常数	备注
0.10 ~ 0.20	28.6°	本表适用 $\alpha/2$ 在 8° ~ 13°，6°以下常数值为 28.7°
0.20 ~ 0.29	28.5°	
0.29 ~ 0.36	28.4°	
0.36 ~ 0.40	28.3°	
0.40 ~ 0.45	28.2°	

车常用锥度和标准锥度时小拖板转动角度可从表 3-8 中查得。

表 3-8 车常用锥度和标准锥度时小拖板转动角度

名称		锥度	小拖板转动角度	名称		锥度	小拖板转动角度
莫氏	0	1∶19.212	1°29′27″	标准锥度	0°17′11″	1∶200	0°8′36″
	1	1∶20.047	1°25′43″		0°34′23″	1∶100	0°17′11″
	2	1∶20.020	1°25′50″		1°8′45″	1∶50	0°34′23″
	3	1∶19.922	1°26′16″		1°54′35″	1∶30	0°57′17″

续表

名称		锥度	小拖板转动角度	名称		锥度	小拖板转动角度
莫氏	4	1∶19.254	1°29′15″	标准锥度	2°51′51″	1∶20	1°25′56″
	5	1∶19.002	1°30′26″		3°49′6″	1∶15	1°54′33″
	6	1∶19.180	1°29′36″		4°46′19″	1∶12	2°23′9″
标准锥度	30°	1∶1.866	15°		5°43′29″	1∶10	2°51′45″
	45°	1∶1.207	22°30′		7°9′10″	1∶8	3°34′35″
	60°	1∶0.866	30°		8°10′16″	1∶7	4°5′8″
	75°	1∶0.652	37°30′		11°25′16″	1∶5	5°42′38″
	90°	1∶0.5	45°		18°55′29″	1∶3	9°27′44″
	120°	1∶0.289	60°				

3.3　转动小拖板车圆锥的方法及步骤

（1）根据锥度给定尺寸，先计算出锥度小端直径 d 和圆锥半角 $\alpha/2$。

（2）用扳手将小拖板下面转盘螺母松开，把转盘转至需要的圆锥半角 $\alpha/2$ 的刻度，然后锁紧转盘上的螺母。

（3）分粗、精车，匀速转动小滑板手柄加工外圆锥到尺寸要求。

注：粗车时小拖板转动角度应遵循："宁大勿小、逐步修整"的原则。

3.4　转动小拖板法车圆锥的优缺点

1. 转动小拖板法车圆锥的优点

（1）角度调整范围大，可车削各种角度的圆锥。

（2）能车内、外圆锥，并能车出整锥体和圆锥孔。

（3）操作简便。

2. 转动小拖板法车圆锥的缺点

（1）只能手动进给，劳动强度大，工件表面粗糙度较难控制。

（2）因受小拖板行程限制，只能加工锥面不长的工件。

【知识拓展】

3.5　锥体的其他加工方法

3.5.1　尾座偏移法

如图 3-12 所示，适宜于加工锥度小、精度不高，锥体较长的工件。可以用纵向自动进给车削，表面质量较好。该方法的缺点是：不能车整锥体和圆锥孔；因受尾座偏移量限制，不能加工锥度大的工件；因顶尖在中心孔中是歪斜的，接触不良，所以顶尖和中心孔磨损不均匀。

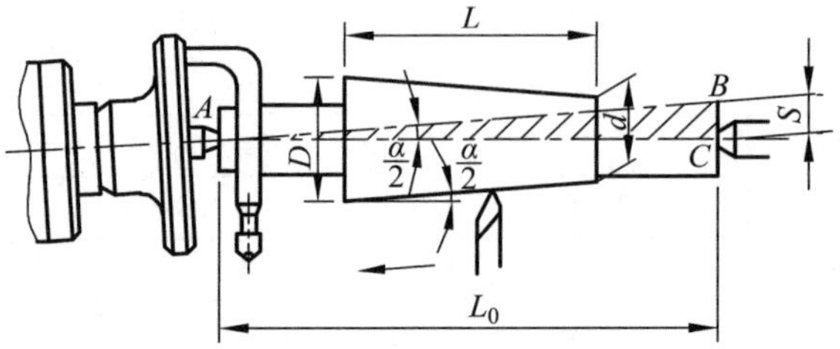

图 3-12　尾座偏移法车锥体

1. **基本原理**

采用偏移尾座法车外圆锥面，必须将工件用两顶尖装夹，把尾座向里（车正外圆锥面）或向外（车倒外圆锥面）横向移动一段距离 S 后，使工件回转轴线与车床主轴轴线相交，并使其夹角等于工件圆锥半角 $\alpha/2$。由于床鞍是沿平行于主轴轴线的进给方向移动的，工件就车成了一个圆锥体。

2. **尾座偏移量 S 的计算**

尾座偏移量不仅与圆锥长度 L 有关，而且还与两顶尖之间的距离有关（两顶尖之间的距离一般可近似看作工件全长 L_0）。

尾座偏移量的近似公式为

$$S = L\tan\frac{\alpha}{2} = L_0 \times \frac{D-d}{2L} \quad S = \frac{C}{2}L_0$$

式中　S——尾座偏移量，mm；

D——最大圆锥直径，mm；

d——最小圆锥直径，mm；

L——圆锥长度，mm；

L_0——工件全长，mm；

C——锥度。

3. **偏移尾座法车圆锥的优缺点**

优点：可纵向机动进给，使表面粗糙度 Ra 值减小，圆锥的表面质量较好。

缺点：顶尖在中心孔中是歪斜的，接触不良，顶尖和中心孔磨损不均匀。采取措施：用球头顶尖或 R 型中心孔，如图 3-12 所示；不能加工整锥体或内圆锥；因受尾座偏移量的限制，不能加工锥度大的工件。适用于加工精度不高、锥度小、锥体较长的外圆锥工件。

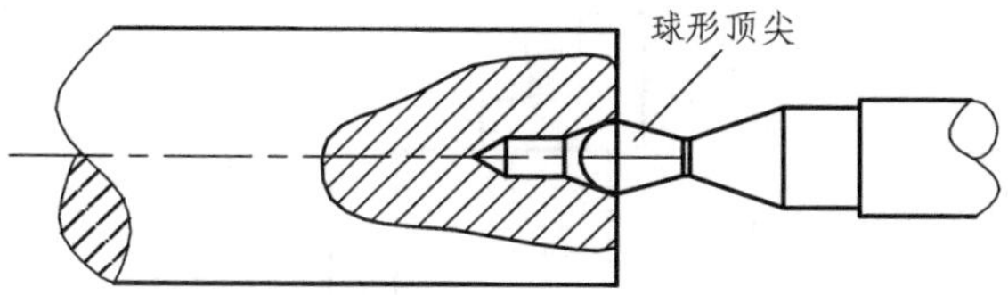

图 3-13　球头顶尖

3.5.2　靠模法

如图 3-14 所示，其底座固定在车床床鞍上，它下面的燕尾槽导轨与靠模体 5 上的燕尾槽滑动配合。靠模体上装有锥度靠模板 2，它可绕中心旋转到与工件轴线相交成所需的圆锥半角 $\alpha/2$。两个螺钉 7 用来固定锥度靠模板。滑块 4 与中拖板丝杠 3 连接，可以沿着锥度靠模板自由滑动。当需要车圆锥时，用两个螺钉 11 通过挂脚 8、调节螺母 9 及拉杆 10，把靠模体 5 固定在车床床身上。螺钉 6 用来调节靠模板的斜度。当床鞍作纵向移动时，滑块就沿着靠模板斜面滑动。由于丝杠和中拖板上的螺母是连接的，这样床鞍作纵向进给时，中拖板就沿着靠模板斜度作横向进给，车刀就会成斜进给运动，从而车出锥体。

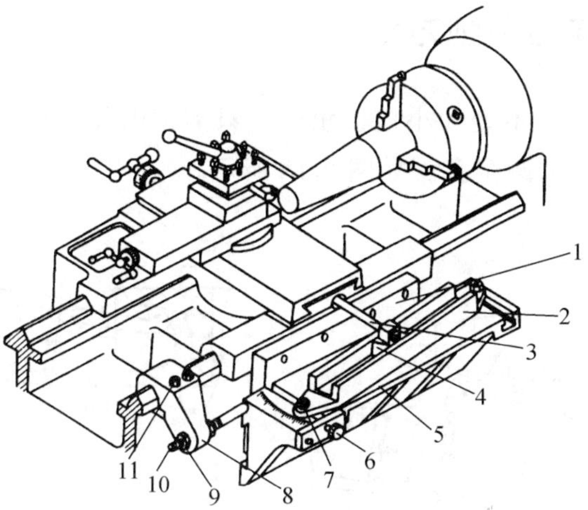

1—底座；2—锥度靠模板；3—丝杠；4—滑块；5—靠模体；6，7，11—螺钉；
8—挂脚；9—调节螺母；10—拉杆。

图 3-14　靠模法

靠模法车圆锥的优点是调整锥度既方便又准确，因中心孔接触良好，所以锥面质量高；可机动进给车外圆锥和内圆锥。但靠模装置的角度调整范围小，一般在 12°以下。

3.5.3　宽刀法

如图 3-15 所示，主要用于成批量生产中车削较短的锥面。车削时刀刃应平直，前、后刀面应用油石打磨，使表面粗糙度 *R*a 值达 0.1 μm。

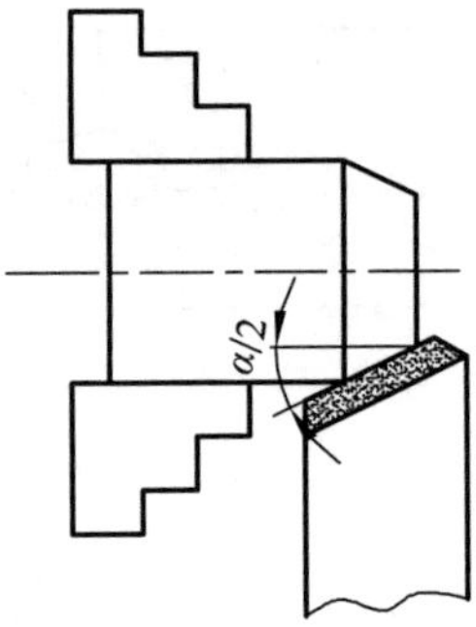

图 3-15　宽刀法

3.6　锥体的检测

锥体角度的检测，通常分为外圆锥体角度的检测和内圆锥体角度的检测。外圆锥体的角度常使用游标万能角度尺、角度样板，正弦规和圆锥环规检测；内圆锥体的角度常使用圆锥塞规检测。

3.7　配套圆锥的车削方法

先把外圆锥车正确，不变动小拖板角度，只需把内孔刀反装，使切削刃向下，此时主轴仍正转，然后车削圆锥孔，如图 3-16 所示。

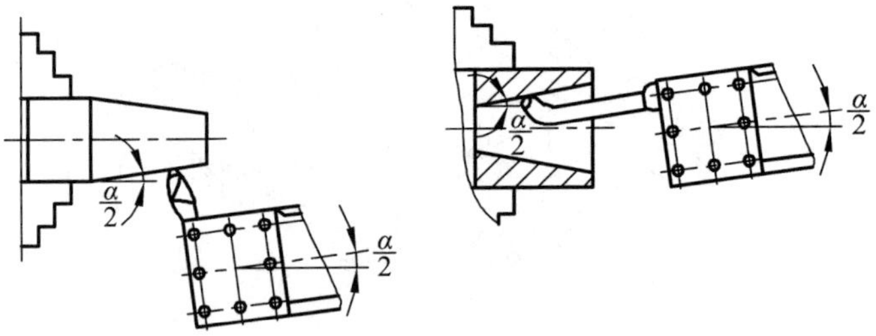

图 3-16　车削配套内、外圆锥

【思考与练习】

（1）车锥面常用的方法有哪些？适用于哪些场合？

（2）根据已知条件，用查三角函数的方法计算圆锥半角 $\alpha/2$。

① $D=24$ mm， $d=10$ mm， $L=40$ mm；

② $C=1:10$。

（3）小拖板转位法车圆锥有什么优缺点？

项目 4

成形面零件加工与表面修饰

【项目简述】

成形面是指工件表面的素线不是直线，而是一些曲线，例如，各种手柄、圆球等，现在很多零件都是具有这样特征表面的零件。加工时需要根据工件的特点、精度的高低以及批量的大小等具体因素来选择合适的加工方法。本项目主要通过完成图 4-1 所示成形面零件的加工和拓展学习，掌握成形面的车削以及表面修饰的相关知识和技能。

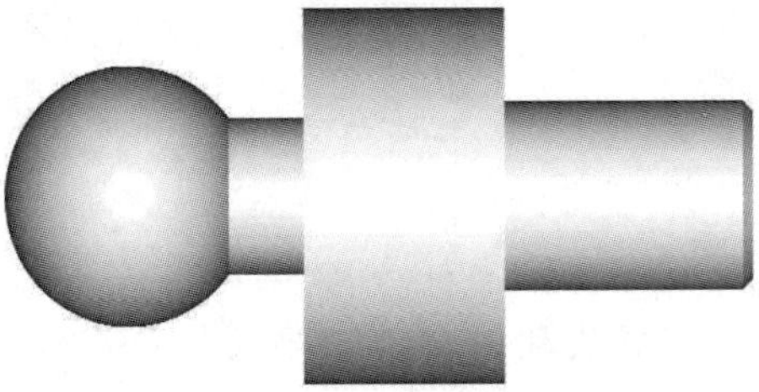

图 4-1　成形面零件加工

能力目标

（1）能识读和绘制含成形面的零件图，会编制成形面零件的加工步骤；

（2）能加工和检测成形面零件；

（3）能完成滚花的加工和检测；

（4）会刃磨圆弧车刀。

知识目标

（1）掌握含成形面零件图的识读与绘制知识；

（2）掌握成形面零件的加工及检测方法；

（3）掌握滚花加工和检测的方法与要领。

素质目标

（1）培养学生双手协调能力；

（2）培养学生观察分析问题的能力；

（3）培养学生积极动手，规范操作，养成文明生产安全操作的良好职业习惯。

任务 1　圆弧车刀的刃磨

【任务描述】

通过本任务的学习和训练，了解圆弧车刀的几何形状和刃磨要求，掌握圆弧车刀的刃磨方法和技能。

能力目标

能正确刃磨圆弧车刀。

圆弧车刀的刃磨

知识目标

（1）了解圆弧车刀的几何形状和刃磨角度要求；

（2）掌握圆弧车刀的刃磨方法和要求。

素质目标

培养学生学会观察、思考、分析，举一反三的能力。

【任务实施】

（1）完成图 4-2 所示的圆弧车刀的刃磨。

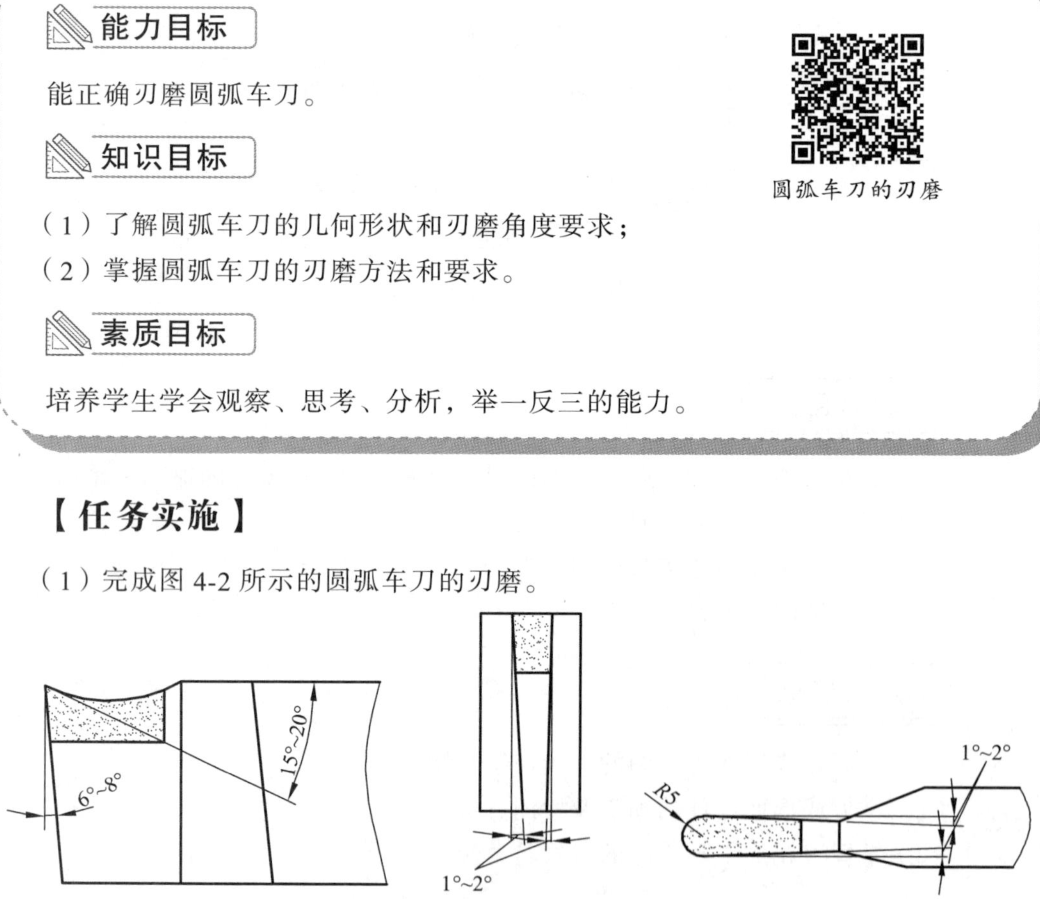

图 4-2　圆弧车刀的刃磨

（2）选用设备、工量具及刀具，见表 4-1。

表 4-1　选用设备、工量具及刀具

序号	名称	规格
1	砂轮机	
2	半径规	
3	圆弧车刀	

（3）加工步骤及内容，见表 4-2。

表 4-2　加工步骤及内容

步骤	内容	工艺简图
1	刃磨主后面，主后角为 6°～8°。 操作要点： （1）右手在前，左手在后，刀头略向上翘； （2）以前手为转动点，后手左右摇摆，并配合半径规检测，保证圆弧刀刃的形状； （3）主后角不宜磨得过大	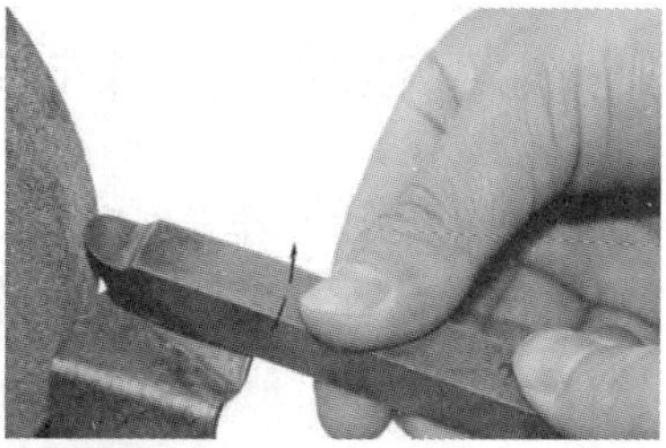
2	刃磨两个副后角（1°～2°）。 操作要点： （1）先磨左侧副后角，再磨右侧副后角； （2）车刀下边先接触砂轮并逐渐上移，同时沿着砂轮外圆面缓慢平移； （3）副刀刃与圆弧刀刃的过渡处应圆滑	 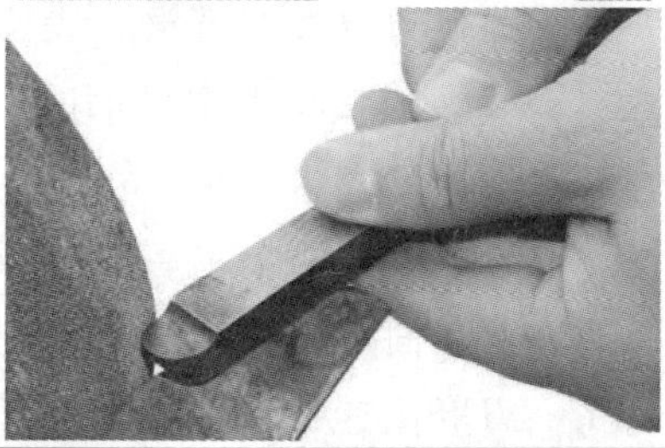
3	刃磨前刀面，前角为 15°～20°。 操作要点：前角应适宜，保证刀刃的锋利，并注意随时冷却	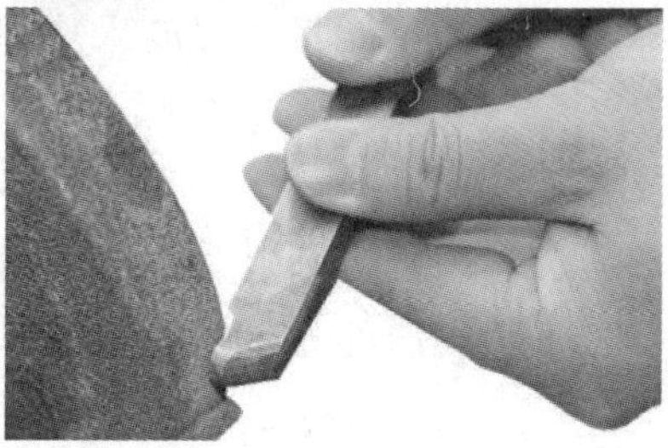
4	检测	

（4）任务评价（详见附表 3-11）。

操作提示：

• 砂轮使用前，应检查砂轮是否有裂纹，表面是否平整，有无跳动。

• 刃磨时操作者应尽量避免正对砂轮，以站在砂轮侧面操作为宜；不允许多人聚在一起围观。

• 刃磨主后面时，要以前手为轴，后手左右摇摆，并配合半径规检验，这样才能磨出正确的圆弧刀。

• 刃磨时，注意手法，要保证两个副后角、两个副偏角对称。

【知识链接】

1.1 圆弧车刀的几何角度

圆弧车刀是用来车削成形面（圆球体）的。其几何角度与切断刀类似，如图 4-2 所示，不同之处在于其主切削刃的形状为圆弧形。

圆弧车刀各角度值范围：前角 γ_0 为 15° ~ 20°，主后角 α_0 为 6° ~ 8°，副后角 α_0' 为 1° ~ 2°，副偏角 κ_r' 为 1° ~ 2°，刀尖圆弧 $R5$。

1.2 圆弧车刀刃磨要求及注意事项

（1）刀具的两个副偏角和两个副后角要对称。

（2）主后角不宜过大。

（3）圆弧刃要过渡圆滑，表面光洁。

（4）刃磨圆弧车刀主后面时，要用半径规经常测量主切削刃的形状，保证半径值正确。

（5）为了保证两个副后角、两个副偏角对称，可将刀具放到一个固定平台上观察，以刀柄的下表面定位，观察两个副后角、两个副偏角是否对称。

（6）刃磨高速钢圆弧刀时，要及时给刀具冷却防止车刀过热退火；刃磨硬质合金圆弧车刀时，不能将车刀放入冷却液中冷却，防止车刀因骤冷而崩裂。

【思考与练习】

（1）作图分析圆弧车刀的几何角度，刃磨要求及注意事项。

（2）用废旧的刀具练习圆弧车刀的刃磨。

任务 2　控制法车成形面

【任务描述】

通过本任务的学习与训练，掌握双手控制法车成形面以及修整、抛光、检测成形面的方法和技能。

能力目标

（1）能正确装夹圆弧车刀；

（2）能用双手控制法车成形面；

（3）能完成成形面的修光、检测。

控制法车成形面

知识目标

（1）了解成形面的概念及相关计算；

（2）掌握加工成形面零件的方法、特点及适用情况；

（3）掌握成形面的修光、检测方法和要求。

素质目标

培养学生双手协调能力，养成积极动手，规范操作，文明生产安全操作的良好职业习惯。

【任务实施】

（1）完成图 4-3 所示零件的加工。

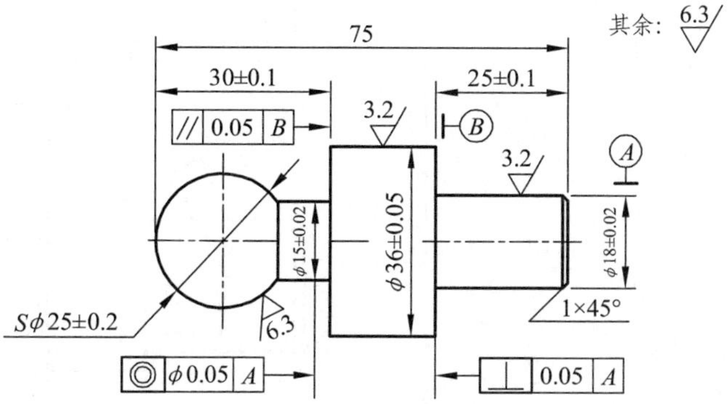

图 4-3　成形面零件加工

（2）设备、毛坯及材料：C6140、45#钢。

（3）选用工量具，见表 4-3。

表 4-3　选用工量具

序号	名称	规格	数量	备注
1	90°外圆车刀	自选	1	
2	45°外圆车刀	自选	1	
3	圆弧刀	自选	1	
4	切断刀	自选	1	
5	游标卡尺	0 ~ 150 mm	1	
6	钢直尺	0 ~ 300 mm	1	
7	圆弧样板	自选	1	

（4）加工步骤及内容，见表 4-4。

表 4-4　加工步骤及内容

<table>
<tr><th>步骤</th><th>加工内容</th><th>工艺简图</th></tr>
<tr><td>1</td><td>检查毛坯尺寸，确定装夹方法及加工余量</td><td>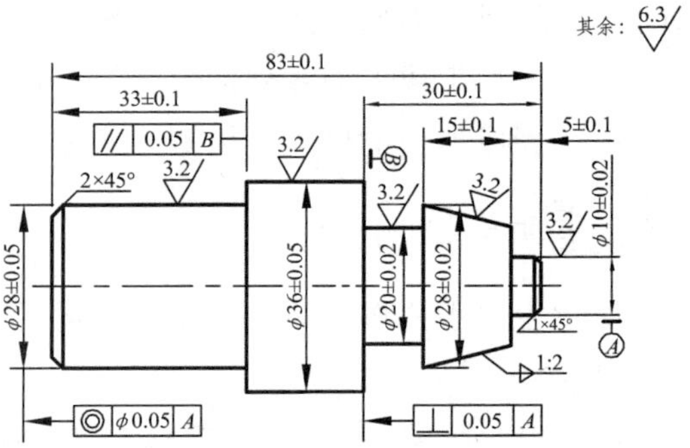
</td></tr>
<tr><td>2</td><td>（1）用三爪自定心卡盘夹持外圆 $\phi 28$，注意轴肩部分应与卡盘侧面贴紧；
（2）用外圆车刀平端面</td><td>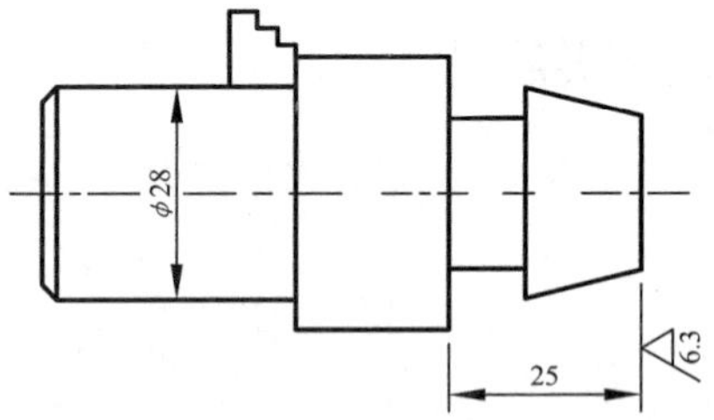
</td></tr>
<tr><td>3</td><td>（1）用外圆刀粗、精车 $\phi 18$ 至尺寸；
（2）倒角 1×45°</td><td>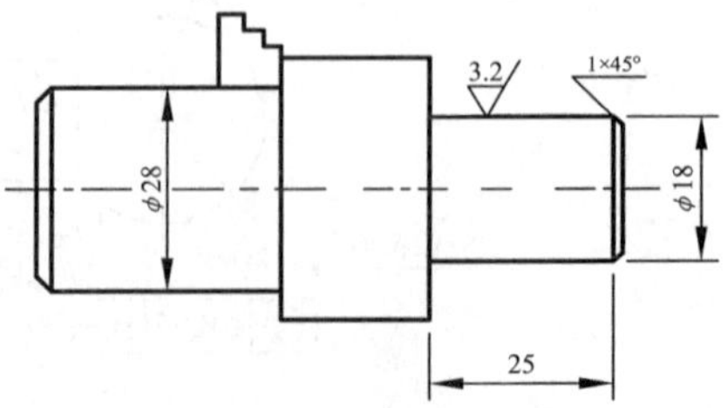
</td></tr>
</table>

续表

步骤	加工内容	工艺简图
4	调头夹外圆ϕ18，注意轴肩部分应与卡盘侧面贴紧。 （1）用外圆刀车平端面，控制长30； （2）用外圆刀车外圆至ϕ26	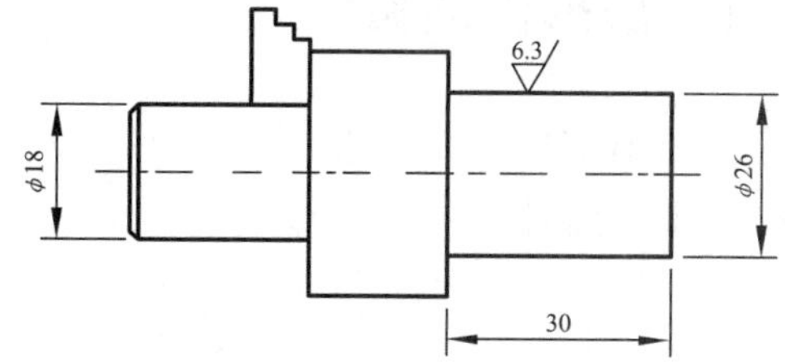
5	用切断刀车ϕ15 球柄部分，保证球体部分长度为 22.5	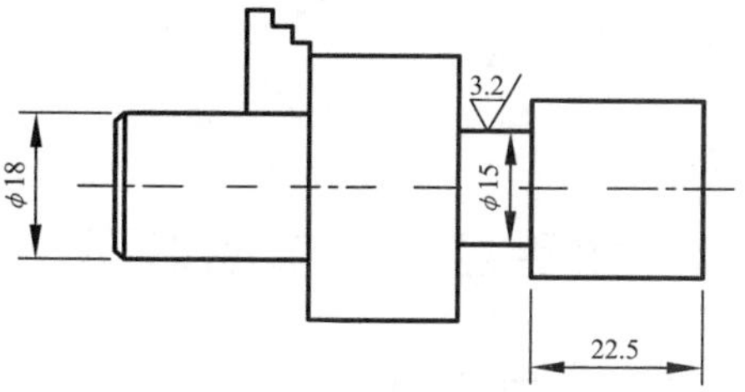
6	用圆弧车刀车球体 $S\phi$25 至尺寸	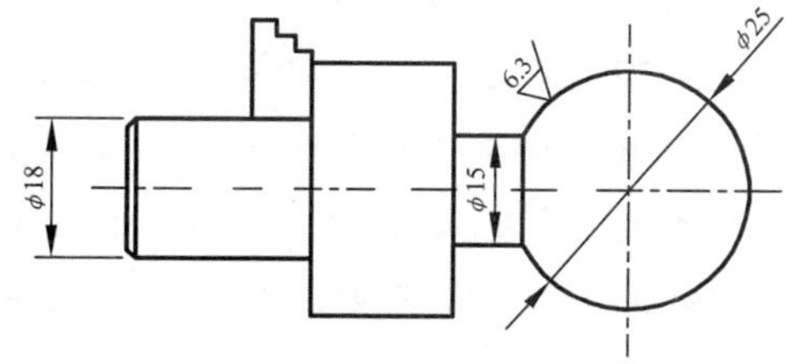
7	检测	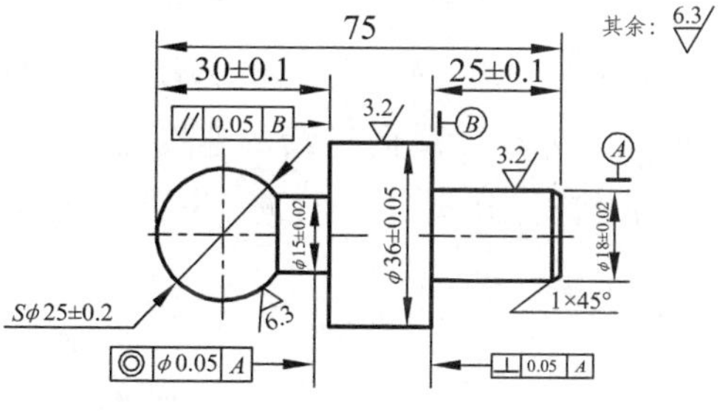

（5）任务评价（详见附表 3-12）

操作提示：

- 先检查车床的运转情况，将操作物件合理摆放，审图并检查备料尺寸。
- 用双手控制法车圆弧面时，两手的速度不是匀速运动而是变速运动，即车刀从圆弧中心向外车削时：左手先快后慢，而右手先慢后快。
- 在车削过程中要经常用圆弧样板测量，边测边车，使车削有针对性。
- 进行表面修饰时要注意安全。操作时要集中注意力，以免发生安全事故。

【知识链接】

2.1 成形面的概念

有些机器零件表面的素线是某种曲线，例如圆球面、三球手柄等，如图 4-4 所示。这些带有曲线特征的表面叫作成形面（又称特形面）。

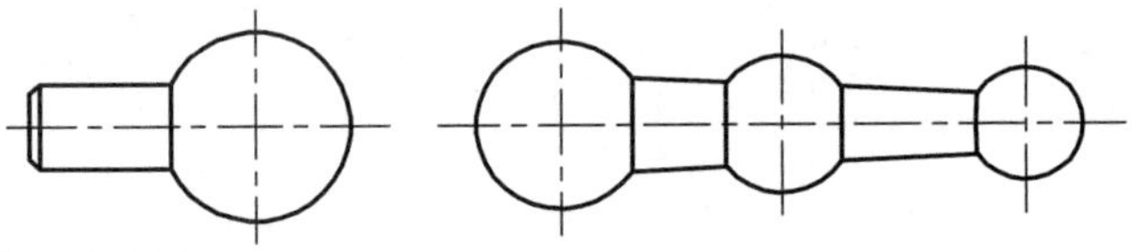

图 4-4 圆球面、三球手柄

2.2 双手控制法车成形面

2.2.1 基本原理

对于精度要求一般，少量或单个零件通常采用双手控制法。即用双手同时摇动小拖板手柄和中拖板手柄，或者同时摇动床鞍手柄和中拖板手柄，并通过双手协调的动作，使刀尖的运动轨迹与零件表面素线（曲线）重合，以达到车成形面的目的。车削的关键技术是双手摇动手柄的速度配合是否恰当。这种方法可以车削内外成形表面，不需其他辅助工具，但需要较高的技术水平。

2.2.2 车刀移动轨迹分析

车球面时，纵、横向进给的移动速度对比分析，如图 4-5 所示。当车刀从 *a* 点出发，经过 *b* 点至 *c* 点，纵向进给的速度是快—中—慢，横向进给的速度是慢—中—快。即纵向进给是减速运动，横向进给是加速运动。

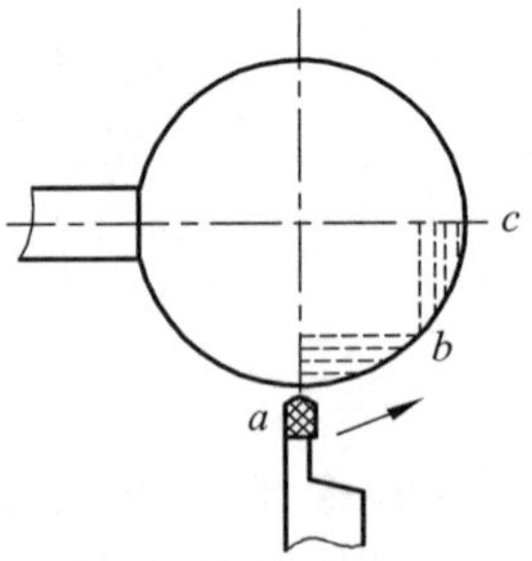

图 4-5 双手控制法车成形面车刀移动轨迹分析

2.2.3 车削方法

车单球手柄时，应先按圆球直径 *D* 和柄部直径 *d* 车成两极外圆（留精车余量

0.2 mm），并留够球体部分长度 L，如图 4-6 所示。然后用圆弧车刀从 a 点分别向左、右方向（c 点和 b 点）逐步把余量车去，如图 4-7 所示，并在 c 点处用切断刀修清角。

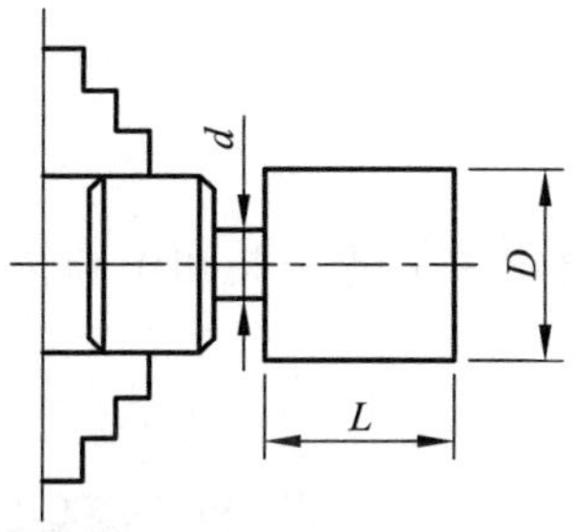

图 4-6　车单球手柄步骤

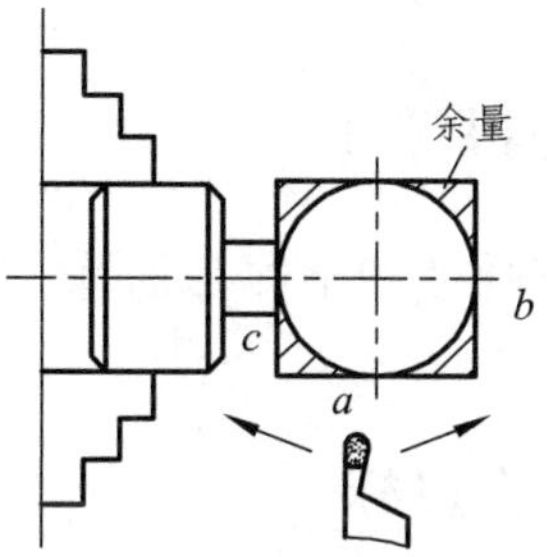

图 4-7　车单球手柄步骤

2.2.4　球体长度 L 的计算

球体长度 L 的计算公式为

$$L=\frac{1}{2}(D+\sqrt{D^2-d^2})$$

式中　L——球体长度，mm；

D——球体直径，mm；

d——柄部直径，mm。

【思考与练习】

（1）成形面的车削方法一般有哪几种？各适用什么场合？

（2）用双手控制法车成形面时，双手应该怎样配合？

（3）怎样检测成形面？

（4）成形面如何进行修整和抛光，注意事项有哪些？

（5）完成图 4-8 所示零件的加工。要求：确定切削参数，编制加工步骤并绘制工艺简图。（毛坯尺寸 $\phi32\times156$，材料为 45#钢）

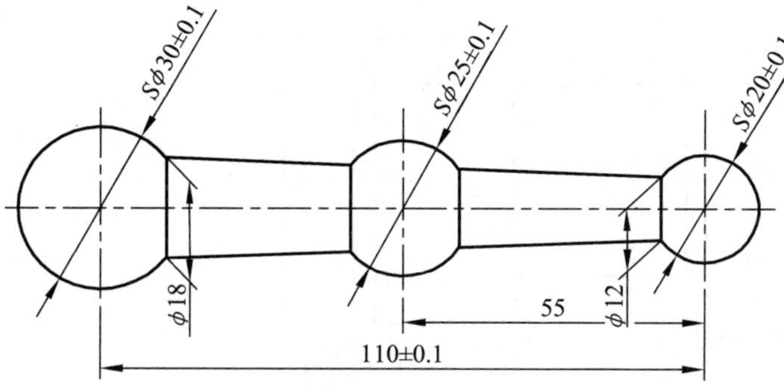

图 4-8　三球手柄

任务3 滚花加工

【任务描述】

通过本任务的学习与训练，掌握在工件表面滚花加工的相关知识和技能。

能力目标

（1）能正确装夹滚花车刀；

（2）能按要求进行滚花加工。

滚花加工

知识目标

（1）了解滚花花纹、滚花车刀的种类和用途；

（2）掌握滚花加工的方法和要求；

（3）了解滚花时出现乱纹的原因及预防措施。

素质目标

（1）培养实践动手能力，学会分析问题、解决问题的能力；

（2）养成文明生产，安全操作的职业习惯。

【任务实施】

（1）加工如图 4-9 所示的零件。

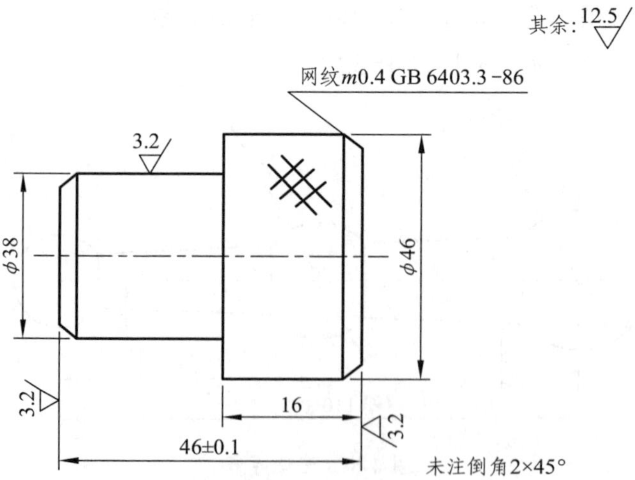

图 4-9　滚花

（2）设备、毛坯及材料：C6140、ϕ48×50、45#钢。

（3）选用工量具，见表 4-5。

表 4-5　选用工量具

序号	名称	规格	数量	备注
1	双轮滚花刀	自选	1	
2	外圆刀	自选	1	
3	切断刀	自选	1	
4	游标卡尺	自选	1	

（4）加工步骤及内容，见表 4-6。

表 4-6　加工步骤及内容

步骤	内容	工艺简图
1	检查毛坯尺寸，确定装夹方法及加工余量	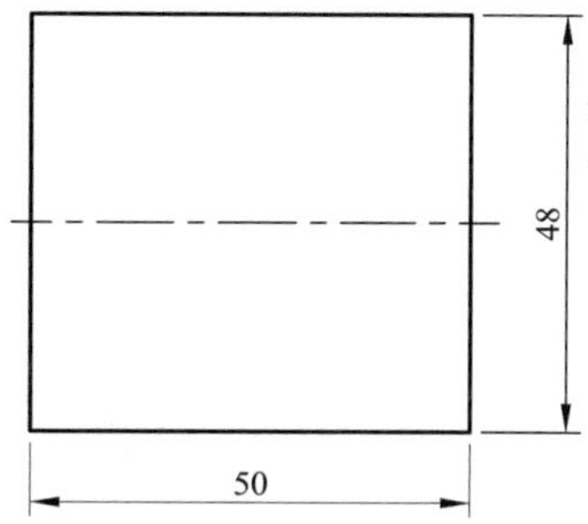
2	（1）装夹工件（夹持棒料一端，伸出长 35~40 mm）； （2）平端面； （3）粗、精车ϕ38 至尺寸，长 30； （4）倒角	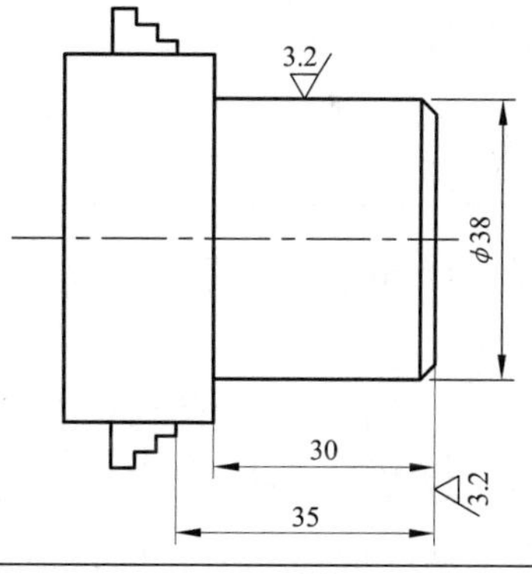
3	（1）掉头装夹工件、找正、夹紧； （2）平端面； （3）分粗、精车外圆ϕ46 至尺寸； （4）倒角	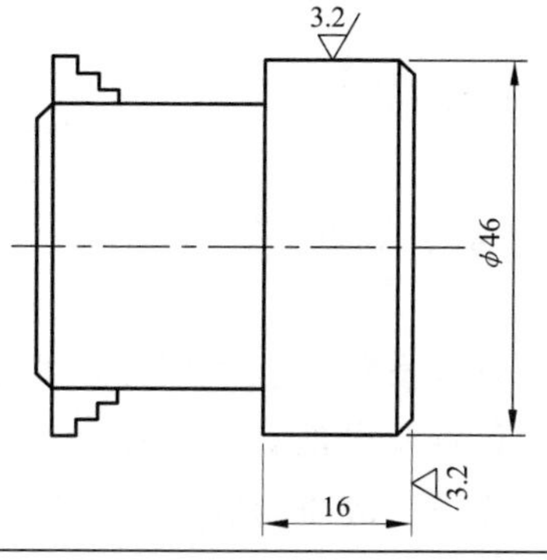

续表

步骤	内容	工艺简图
4	滚花（根据图样选择网纹滚花刀，滚花至图样要求）	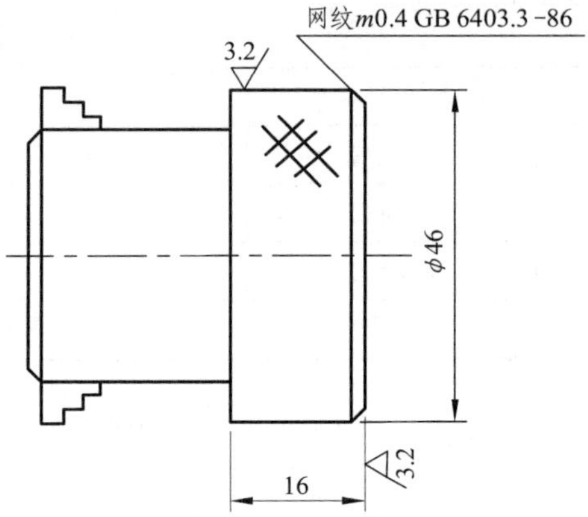
5	检测	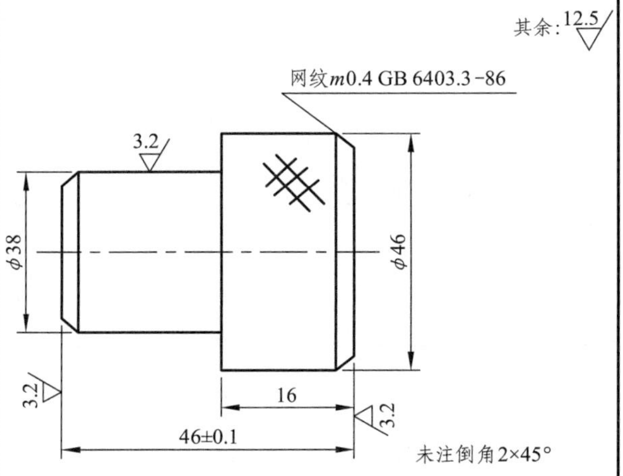

（5）任务评价（详见附表 3-13）

操作提示：

• 滚花时，滚花刀和工件均受很大的径向压力，因此，滚花刀和工件必须装夹牢固。
• 在滚花过程中，不能用手和棉纱去接触工件滚花表面，以防伤人。
• 清理切屑时应避免毛刷接触工件与滚轮的咬合处，以防毛刷卷入伤人。

【知识链接】

3.1 滚花的概念

某些工具和零件的捏手部分，为了增加摩擦力或者使零件外表美观，往往在零件表面上滚出各种不同的花纹。例如，千分尺的微分筒以及铰杠、扳手等。这些花纹是在车床上用滚花刀滚压而成的，这种方法称之为滚花。

3.2　花纹的种类

滚花的花纹有直花纹和网花纹两种。花纹有粗细之分，并用模数 m 表示，其形状和各部位尺寸见图 4-10 和表 4-7。

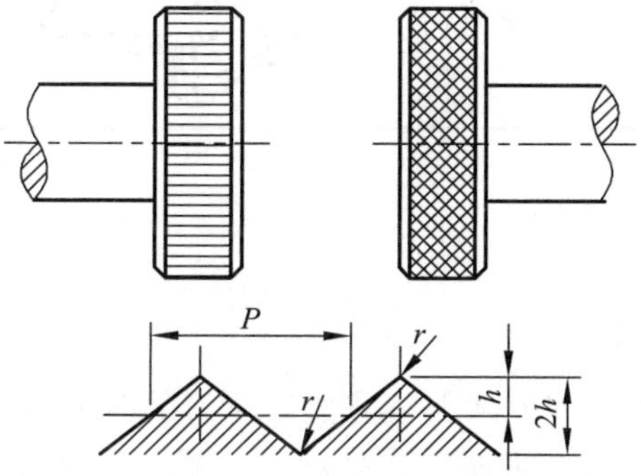

（a）直纹滚花　　（b）网纹滚花

图 4-10　滚花的种类

表 4-7　滚花的各部分尺寸　　单位：mm

模数 m	h	r	节距 p	模数 m	h	r	节距 p
0.2	0.132	0.06	0.628	0.4	0.264	0.12	1.257
0.3	0.198	0.09	0.942	0.5	0.326	0.16	1.571

注：表中 $h=0.785\,m\sim0.414\,r$。滚花前工件表面粗糙度为 $Ra12.5\ \mu m$。滚花后工件直径大于滚花前直径，其值 $\Delta\approx(0.8\sim1.6)\,m$。

滚花的规定标记示例：

模数 $m=0.2$，直纹滚花，其规定标记为：直纹 $m=0.2$。

模数 $m=0.3$，网纹滚花，其规定标记为：网纹 $m=0.3$。

3.3　滚花刀的种类

滚花刀一般有单轮、双轮和六轮几种，见表 4-8。

表 4-8　滚花刀的种类和用途

种类	用途	图示
单轮	单轮滚花刀由直纹滚轮和刀柄组成，通常用来滚直纹	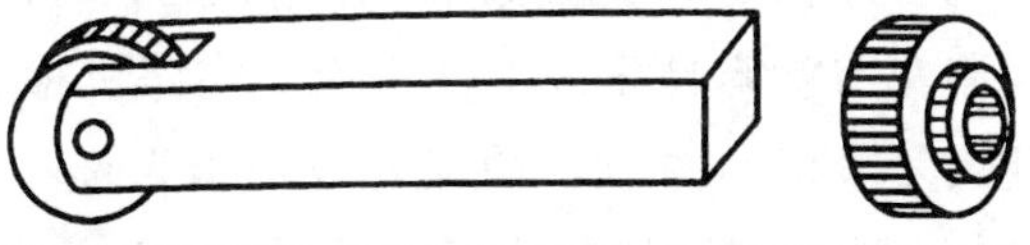
双轮	双轮滚花刀有两只不同旋向的滚轮和浮动连接头及刀柄组成，通常用来滚网纹	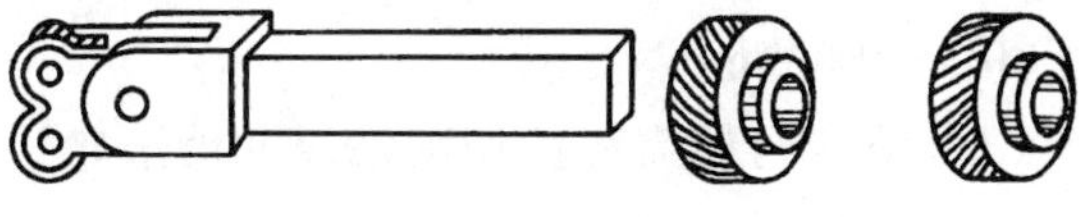

续表

种类	用途	图示
六轮	六轮滚花刀由三对滚轮组成，并通过浮动连接头支持这三对滚轮，可以分别滚出粗细不同的三种模数的网纹	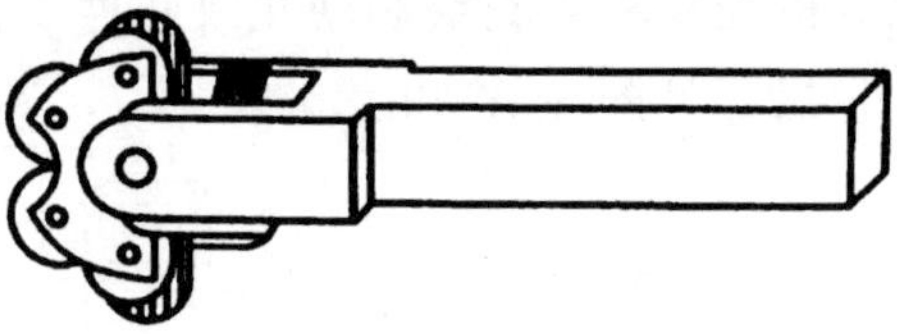

3.4　滚花方法

1. 滚花刀的安装方法

（1）滚花刀装夹在车床的刀架上，并使滚花刀的装刀中心与工件回转中心等高。

（2）滚压有色金属或滚压表面要求较高的工件时，滚花刀的滚轮表面与工件表面平行安装。

（3）滚压碳素钢或滚花表面要求一般的工件，滚花刀的滚轮表面相对于工件表面向左倾斜 1° ~ 10°，安装如图 4-11 所示，这样便于切入且不易产生乱纹。

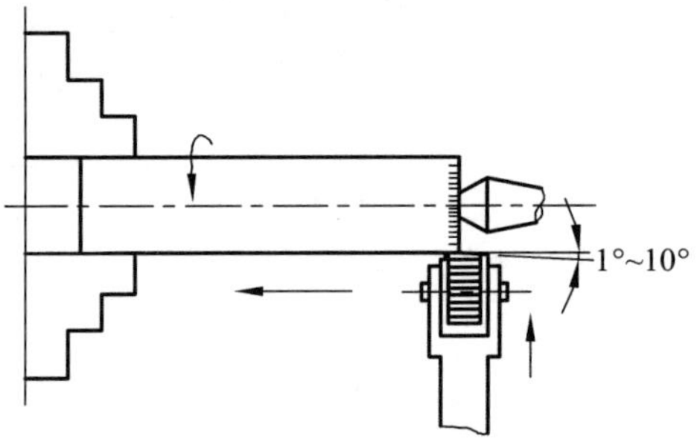

图 4-11　滚花刀的安装

2. 滚花的方法

（1）滚花前，应根据工件材料的性质和滚花节距 p 的大小，将工件滚花表面车小 0.8 ~ 1.6 m（m 为模数）。

（2）开始滚压时，必须使用较大的压力进刀，使工件刻出较深的花纹，否则易产生乱纹。

（3）为了减小开始滚压的径向压力，可以使滚轮表面 1/2 ~ 1/3 的宽度与工件接触，这样滚花刀就容易压入工件表面。在停机检查花纹符合要求后，即可纵向机动进刀，如此反复滚压 1 ~ 3 次，直至花纹凸出为止。

（4）滚花时，切削速度应选低一些，一般为 5 ~ 10 m/min，纵向进给量大一些，一般为 0.3 ~ 0.6 mm/r。

（5）滚压时还需浇注切削油以润滑滚轮，并经常清除滚压产生的切屑。

3.5 注意事项

（1）滚花时产生乱纹的原因及纠正办法如下：

① 工件外圆周长不能被滚花刀节距 p 整除，应把外圆略车小一些，使其能被节距 p 整除；

② 滚轮与工件接触时，横进给压力太小，一开始就应加大横进给量，使其压力增大；

③ 工件转速过高，滚轮与工件表面产生打滑，应降低工件转速；

④ 滚轮转动不灵活或滚轮与小轴配合间隙太大，检查或调换小轴；

⑤ 滚轮齿部磨损或滚轮齿间有切屑嵌入，清除切屑或更换滚轮。

（2）滚直花纹时，滚花刀的齿纹必须与工件轴心线平行，否则挤压的花纹不直。

（3）细长工件滚花时，要防止顶弯工件；薄壁工件要防止变形。

（4）压力过大，进给量过慢，压花表面往往会滚出台阶形凹坑。

【思考与练习】

（1）常用的滚花刀有哪几种？怎样进行滚花加工？

（2）滚花时产生乱纹的因素有哪些？怎么预防乱纹？

项目 5　套类零件加工

【项目简述】

在机器中的各种轴承套、齿轮、带轮等，因支承和连接的需要，一般都带有圆柱孔。带孔的零件称为套类零件。套类零件上作为配合用的孔，尺寸精度要求达到 IT8 ~ IT7，表面粗糙度要求达到 Ra0.8 ~ 1.6 μm，此外还有形位公差的要求。铸造孔、锻造孔或用钻头钻出的孔，为了达到所要求的精度和表面粗糙度，还需要进行孔加工。车孔是常用的孔加工方法之一，可以作粗加工，也可以作精加工。本项目通过完成图 5-1 所示套类零件的加工，掌握钻孔、车孔的相关知识和技能。

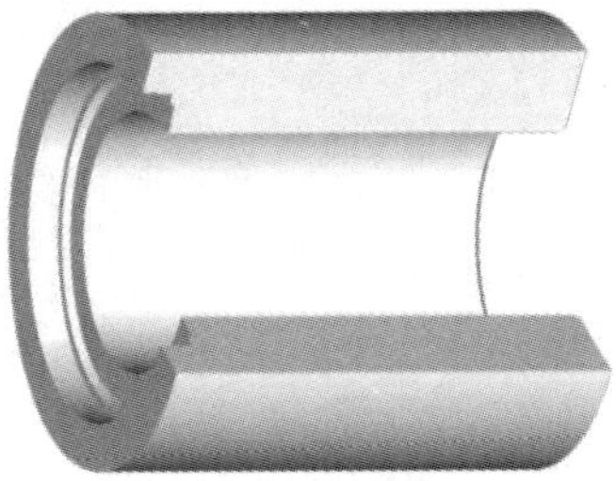

图 5-1　套类零件

能力目标

（1）能识读套类零件图，会编制套类零件的加工步骤；

（2）能选择量具、刀具和切削用量；

（3）能加工和检查套类零件；

（4）能刃磨麻花钻和内孔车刀。

知识目标

（1）掌握套类零件图的识读与绘制知识；

（2）掌握套类零件的加工和检查方法；

（3）掌握麻花钻、内孔车刀的几何角度及刃磨方法。

素质目标

（1）培养学生良好的学习习惯和严谨的工作作风；
（2）培养学生积极动手、团结协作、举一反三的能力；
（3）养成安全、文明生产的良好习惯。

任务1 麻花钻的刃磨

【任务描述】

麻花钻是较常用的一种钻头，一般用高速钢（W18Cr4V 或 W9Cr4V2）制成，淬火后硬度达 HRC 62 ~ 68。在使用过程中常出现磨损、崩刃或折断等，但经过刃磨后一般仍能继续使用。通过本任务的学习与技能训练，掌握麻花钻的刃磨方法和技巧。

能力目标

（1）能刃磨麻花钻；
（2）能检测麻花钻；
（3）会对麻花钻刃磨质量进行分析。

麻花钻的刃磨

知识目标

（1）掌握麻花钻的结构及几何角度；
（2）掌握麻花钻的刃磨方法及技巧；
（3）了解麻花钻刃磨出现废品的原因及预防措施。

刃磨钻头

素质目标

（1）让学生养成安全、文明生产的良好习惯；
（2）能独立思考，养成吃苦耐劳和精益求精的作风。

【任务实施】

（1）刃磨麻花钻，如图 5-2 所示。
（2）选用设备及工量具，见表 5-1。

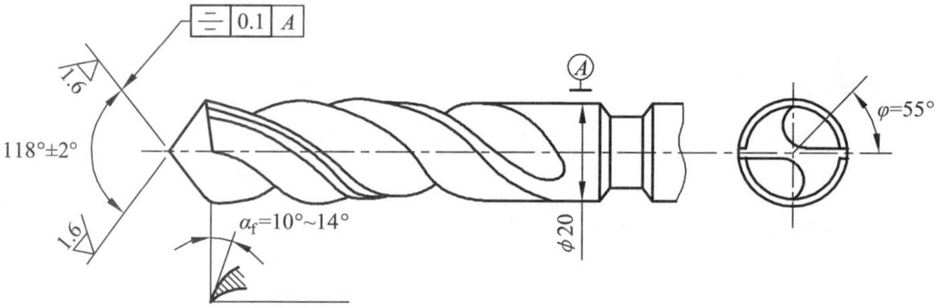

图 5-2 刃磨麻花钻

表 5-1 选用设备及工量具

序号	名称	规格	数量	备注
1	麻花钻	ϕ25	1	高速钢
2	砂轮机	自选	1	
3	量角器	自选	1	

（3）加工步骤及内容，见表 5-2。

表 5-2 加工步骤及内容

步骤	内容	工艺简图
1	检查麻花钻	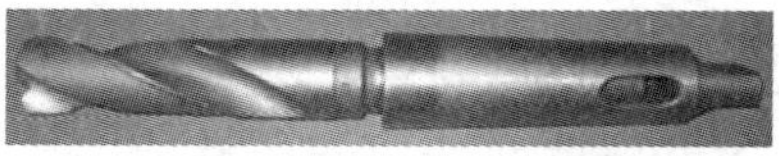
2	（1）刃磨前，钻头切削刃应放置在砂轮中心水平面上，或销高些； （2）钻头中心线与砂轮外圆柱面母线在水平面内的夹角ϕ应等于顶角的一半（59°），同时钻尾向下倾斜 1°～2°	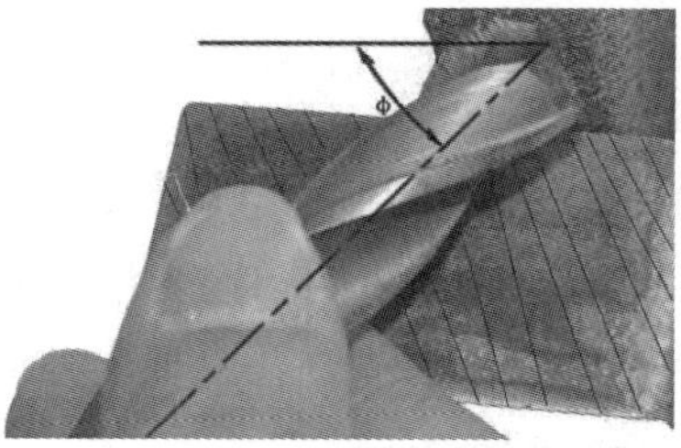 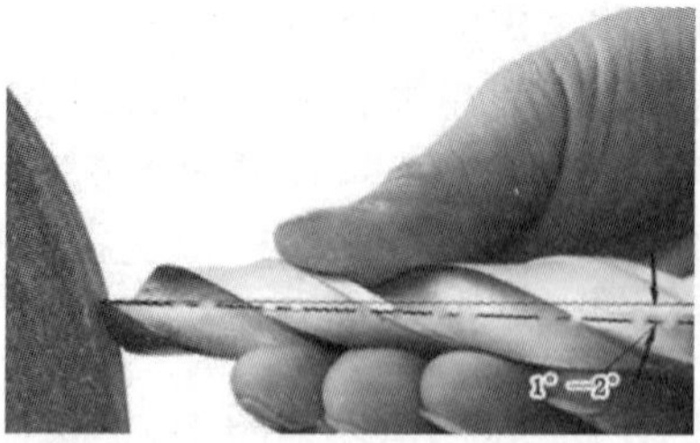

续表

步骤	内容	工艺简图
3	刃磨钻头时，用右手握住钻头前端作支点，左手握钻尾，以钻头前端支点为圆心，钻尾作上下摆动，并略带旋转。 注：刃磨过程中不能转动过多，或上下摆动太大，以防磨出负后角或把另一面主切削刃磨掉	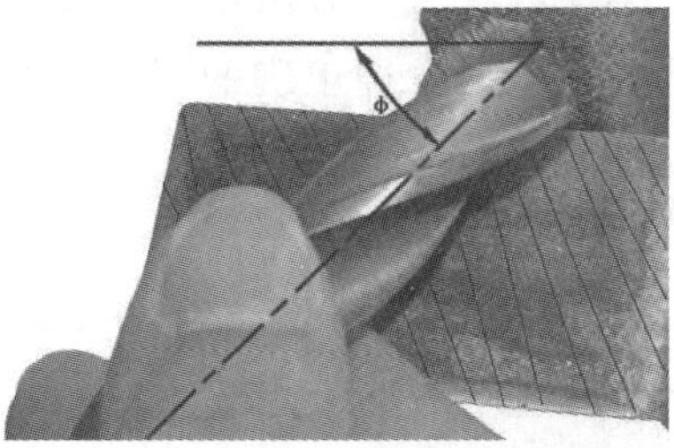 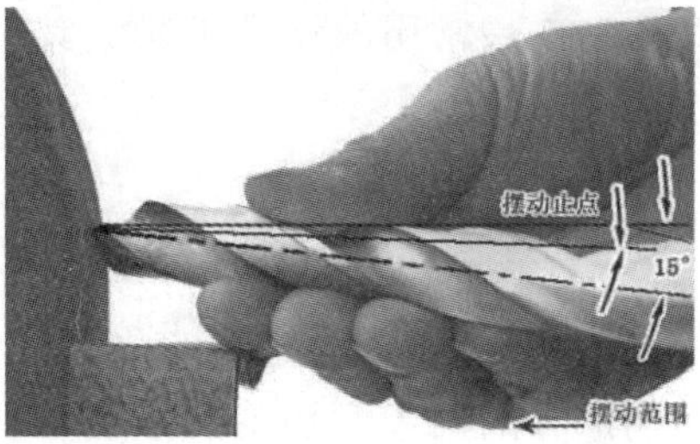
4	当一个主切削刃磨削完毕后，把钻头转动 180°，刃磨另一主切削刃，刃磨方法同上。 注：人、手要保持原来的位置和姿势，这样容易达到两刃对称磨削的目的	
5	检测	

（4）任务评价（详见附表 3-14）。

操作提示：

• 麻花钻刃磨要做到姿势正确规范，安全文明操作。

• 刃磨高速钢麻花钻时，要注意给钻头及时冷却，防止钻头退火。而刃磨合金钻头时，不能冷却钻头，防止钻头脆裂。

• 随时检查两条主切削刃的长度及与钻头轴心线的夹角是否对称。

• 顶角和后角的大小应根据加工材料的性质选择。

• 横刃斜角为 55°。

• 刃磨麻花钻时出现废品的原因及预防措施：

（1）刃磨角度不正确。

产生原因：刃磨方法不正确或刃磨麻花钻时没有进行角度检验。

预防措施：掌握正确的刃磨姿势或刃磨麻花钻时应进行角度检查。

（2）麻花钻切削刃产生崩刃。

产生原因：刃磨时麻花钻没拿稳或砂轮机跳动太大。

预防措施：刃磨时麻花钻要拿稳或用修正器修正砂轮，以减少跳动。

（3）麻花钻切削刃不对称。

产生原因：刃磨方法不正确或刃磨麻花钻时没有进行对称检验。

预防措施：掌握正确的刃磨姿势或刃磨麻花钻时应进行主切削刃对称性检查。

【知识链接】

1.1 麻花钻的组成

麻花钻是最常用的钻孔工具，其组成如图 5-3 所示。

1. 工作部分

工作部分由切削部分和导向部分组成，起切削和导向作用。

2. 切削部分

切削部分的两个主切削刃担负着切削任务。

3. 柄 部

柄部是钻头的夹持部分，装夹时起定心作用，切削时起传递转矩作用。麻花钻分锥柄[见图 5-3（a）]和直柄[见图 5-3（b）]两种。

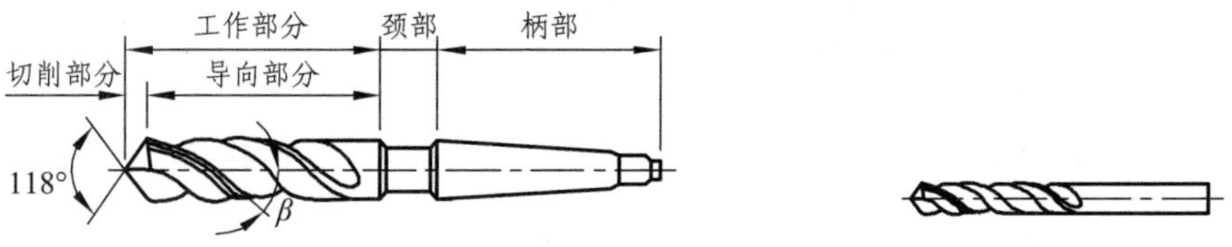

（a）锥柄　　（b）直柄

图 5-3 麻花钻组成

4. 颈 部

商标、钻头直径、材料牌号等一般打印在颈部。

1.2 麻花钻的刃磨方法

（1）刃磨前，麻花钻切削刃应放在砂轮中心水平面上或稍高一些。麻花钻中心线与砂轮外圆柱面素线在水平面内的夹角等于顶角的一半，同时钻尾向下倾斜。

（2）麻花钻刃磨时，用手握住钻头前端作为支点，左手握钻尾，以钻头前端支点为圆心，钻尾作上下摆动，并略带旋转。

（3）当一个主切削刃磨好后，把钻头调转 180°，刃磨另一个主切削刃。注意人、手要保持原来的位置和姿势，这样容易达到两刃对称的磨削目的。

麻花钻的刃磨技巧可概括为：刃口摆平轮面靠；钻轴斜放出锋角；由刃向背磨后面；上下摆动尾别翘。

【思考与练习】

（1）试述麻花钻各组成部分的名称及作用。

（2）对麻花钻的刃磨要求有哪些？

任务 2　内孔车刀的刃磨

【任务描述】

在切削过程中，刀具失去切削能力的现象称为钝化。刀具钝化的方式有磨损、崩刃和卷刃，钝化的主要表现形式为磨损。通过本任务的学习与技能训练，掌握内孔车刀的刃磨方法和技巧。

能力目标

（1）能刃磨内孔车刀；

（2）能检测内孔车刀；

（3）会对内孔车刀刃磨质量进行分析。

内孔车刀的刃磨

知识目标

（1）掌握内孔车刀的特点及种类；

（2）掌握内孔车刀的刃磨方法及技巧；

（3）了解内孔车刀刃磨出现废品的原因及预防措施。

刃磨镗刀

素质目标

（1）让学生养成安全、文明生产的良好习惯；

（2）能独立思考，养成吃苦耐劳和精益求精的作风。

【任务实施】

（1）刃磨内孔车刀，如图 5-4 所示。

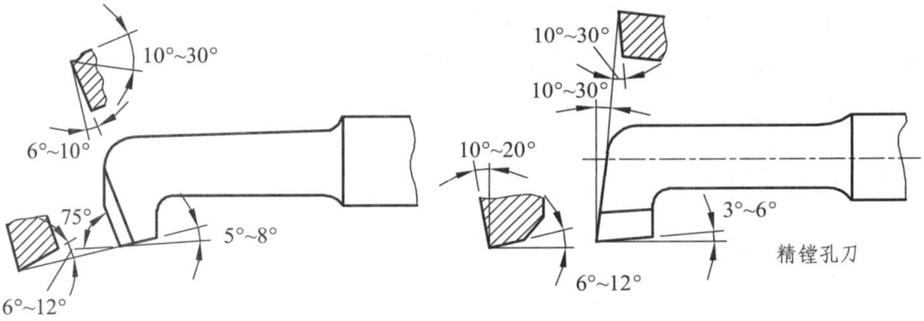

图 5-4　刃磨内孔刀

（2）选用设备及工量具，见表 5-3。

表 5-3　选用设备及工量具

序号	名称	规格	数量	备注
1	内孔车刀	自选	1	高速钢
2	砂轮机	自选	1	
3	量角器	自选	1	

（3）加工步骤及内容，见表 5-4。

表 5-4　加工步骤及内容

步骤	内容	工艺简图
1	粗磨前面。 先磨去车刀前面的焊渣。可选用粒度号为 24#～36#的氧化铝砂轮	
2	粗磨主后面。 先磨去车刀主后面的焊渣。磨主后面时，刀柄应与砂轮轴线保持平行，同时刀体底平面向砂轮方向倾斜一个比主后角大 2°的角度。刃磨时，先把车刀已磨好的后隙面靠在砂轮的外圆上，以接近砂轮中心的水平位置为刃磨的起始位置，然后使刃磨位置继续向砂轮靠近，并作左右缓慢移动	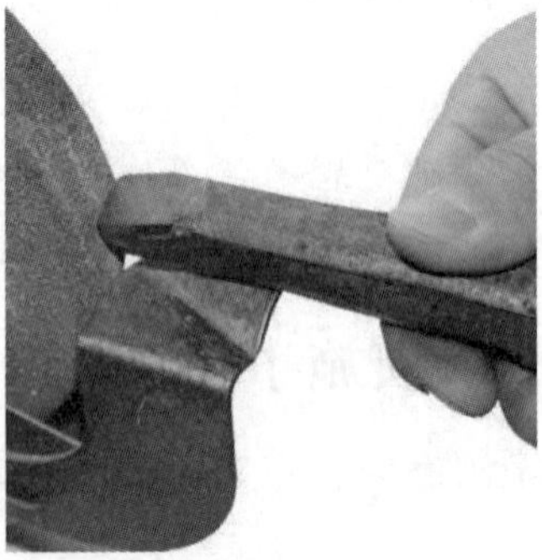

续表

步骤	内容	工艺简图
3	粗磨副后面。 先磨去车刀副后面的焊渣。具体刃磨方法与粗磨刀体主后面大体相同，不同的是粗磨副后面时砂轮应磨到刀尖处为止，与此同时，也可磨出副偏角和副后角	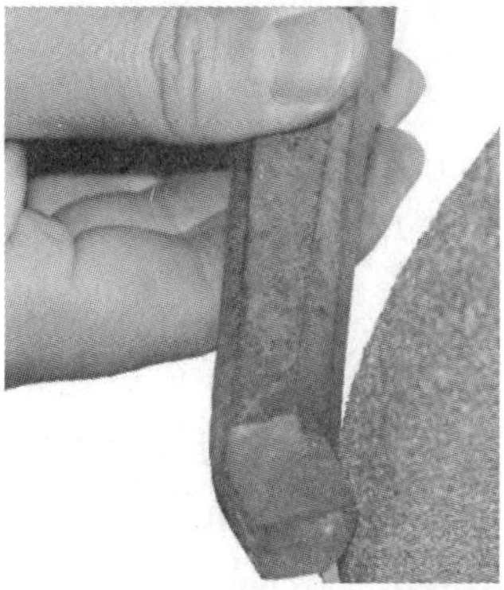
4	精磨前面。 以砂轮的外圆面精磨出车刀的前面，并在磨前面的同时磨出前角和刃倾角。控制前角为 10°～30°，刃倾角为 10°～20°	
5	精磨主后面、副后面。控制主后角为 6°～10°，副后角为 6°～12°，主偏角为 92°～93°，副偏角为 3°～6°	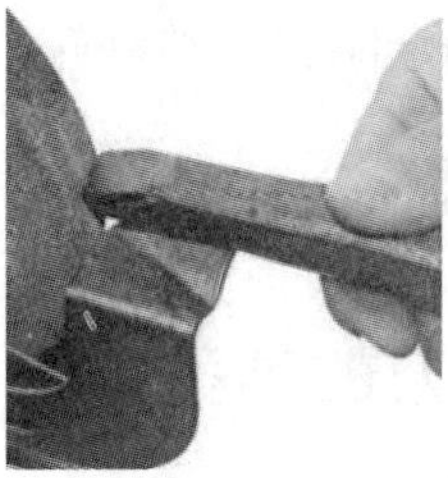 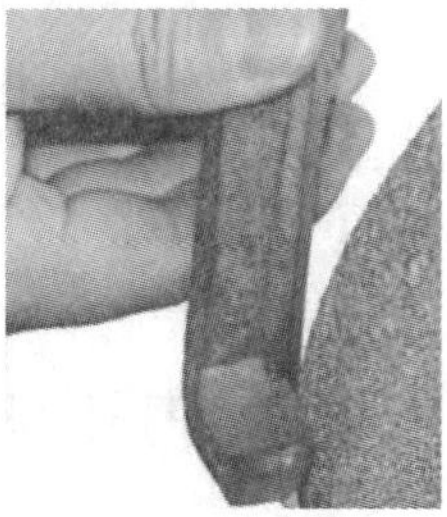
6	修磨刀尖圆弧。过渡刃有直线形和圆弧形两种。其刃磨方法与精磨后刀面时大致相同，刃磨车削较硬材料的车刀时，也可以在过渡刃上磨出负倒棱	
7	检测	

（4）任务评价（详见附表 3-15）。

操作提示：

（1）内孔车刀的刃磨要做到姿势正确规范，安全文明操作。

（2）刃磨高速钢内孔车刀时，要注意及时冷却，防止车刀退火。而刃磨合金内孔车刀时，不能冷却，防止车刀脆裂。

（3）车刀几何角度不能过大或过小。

（4）刃磨断屑槽前，应先休整砂轮边缘处成为小圆角。

（5）断屑槽不能磨得过宽，以防车内孔时排屑困难。

（6）刃磨内孔车刀时出现废品的原因及预防措施：

① 内孔车刀刃磨的几何角度不正确。

产生原因：刃磨姿势不正确或不了解车刀的几何角度。

预防措施：了解正确的磨刀姿势或掌握车刀的几何角度。

② 内孔车刀刀刃不平直。

产生原因：刃磨方法不正确或砂轮片不平整，表面有凹坑。

预防措施：车刀刃磨时应缓慢地左右移动或利用金刚石修平砂轮片。

③ 内孔车刀刀刃产生崩刃。

产生原因：车刀未拿稳或砂轮跳动太大及砂轮粒数过粗。

预防措施：应拿稳车刀防止抖动或利用金刚石修整砂轮片，不行就更换合适的砂轮。

④ 内孔车刀刀面不共面，表面质量差。

产生原因：砂轮跳动太大或砂轮片选择错误。

预防措施：利用金刚石修整砂轮片或按照车刀材料正确选择砂轮片。

【知识链接】

2.1 内孔车刀的种类

根据内孔的几何形状，内孔车刀一般分为直孔车刀和台阶孔车刀。

1. 直孔车刀

直孔车刀的切削部分基本上与外圆车刀相似，只是多一个弯头而已。直孔车刀的主偏角一般取 60° ~ 75°，副偏角一般取 15° ~ 45°，后角取 6° ~ 12°。

2. 台阶孔车刀

台阶孔车刀的切削部分基本上与外偏刀相似，它的主偏角应大于 90°，一般为 93° 左右，副偏角取 3° ~ 6°，后角取 8° ~ 12°。

2.2 内孔车刀断屑槽方向的选择

当内孔车刀的主偏角为 60°～75°时，在主刀刃方向磨卷屑槽，能使其刀刃锋利，切削轻快，在切削深度较深的情况下，仍能保持它的切削稳定性，故适用于粗车。如果在副刀刃方向磨卷屑槽，如图 5-5（a）所示，在切削深度较浅的情况下，能达到较好的表面质量。

当台阶孔车刀的主偏角大于 90°时，在主刀刃方向磨卷屑槽，如图 5-5（b）所示。它适宜于纵向切削，但切削深度不能太深，否则切削稳定性不好，刀尖容易损坏。如果在副刀刃方向磨卷屑槽，如图 5-5（c）所示，它适宜于横向切削。

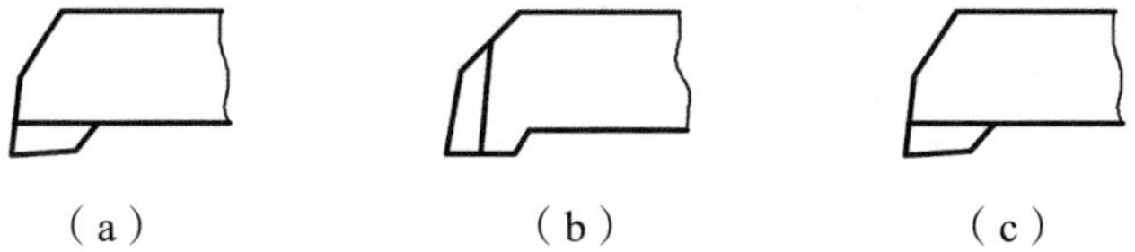

图 5-5　内孔刀刃磨卷屑槽

2.3 内孔车刀的刃磨

内孔车刀的刃磨步骤：

粗磨前面—粗磨主后面—粗磨副后面—粗、精磨前面，并磨出断屑槽—精磨主后面、副后面—修磨刀尖圆弧。

【思考与练习】

（1）试述内孔车刀的刃磨步骤。

（2）分析刃磨内孔车刀时出现废品的原因及预防措施。

（3）画图分析内孔车刀的几何角度对切削的影响。

（4）刃磨废旧内孔车刀。

任务 3　钻　孔

【任务描述】

用钻头在实体材料上加工出孔的过程称作钻孔。钻孔时有两种运动形式：将切屑切下所需的基本运动（即旋转运动）称作主运动；使被切削金属层继续投入切削的运动（即直线运动）称作进给运动。在车床上钻孔时，工件的旋转运动为主运动，钻头的纵向移动为进给运动。通过本任务的学习与实践，掌握钻孔的相应知识和技能。

能力目标

（1）能合理选择钻头；
（2）能正确装夹钻头；
（3）会选择切削用量和使用切削液；
（4）能按图纸要求钻孔和检测孔。

钻孔 PPT

知识目标

（1）掌握麻花钻的选用及安装方法；
（2）掌握钻孔的步骤和方法；
（3）了解钻孔时出现废品的原因及预防措施；
（4）了解扩孔、铰孔的方法及特点。

钻孔 视频

素质目标

（1）培养学生良好的学习习惯和严谨的工作作风；
（2）能独立思考，养成吃苦耐劳和精益求精的作风；
（3）会分析产生废品的原因；
（4）养成安全、文明生产的良好习惯。

【任务实施】

（1）完成图 5-6 所示零件的加工。

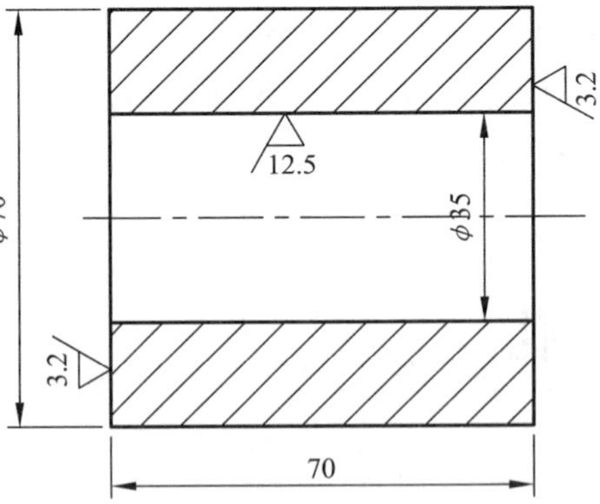

图 5-6　钻孔

（2）设备、毛坯及材料：C6140、$\phi70\times75$、$45^{\#}$钢。
（3）选用工量具，见表 5-5。

表 5-5　选用工量具

序　号	名称	规格	数量	备注
1	中心钻	自选	1	
2	麻花钻	ϕ35 mm	1	带钻夹头
3	外圆刀	自选	1	
4	游标卡尺	自选	1	
5	钢直尺	自选	1	

（4）加工步骤及内容，见表 5-6。

表 5-6　加工步骤及内容

步骤	内容	工艺简图
1	检查毛坯尺寸ϕ70×75，确定装夹方法和加工余量	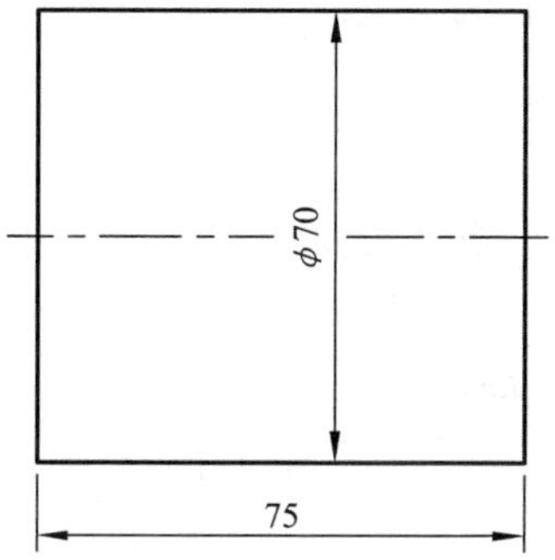
2	（1）用三爪卡盘装夹工件，工件伸出长度约 40 mm，找正、夹紧； （2）用 45°外圆车刀车端面，表面粗糙度控制在 *R*a3.2 μm	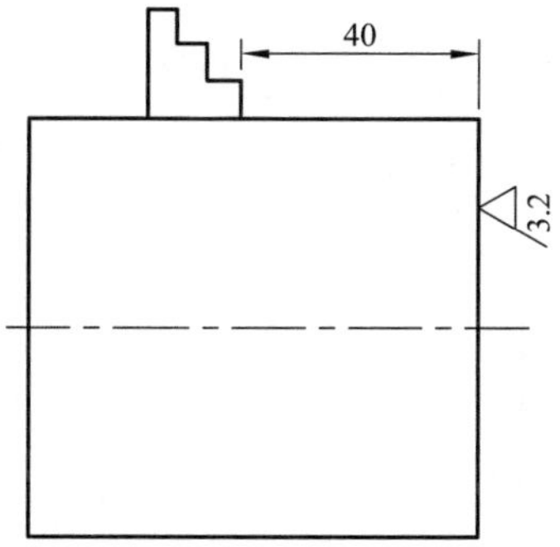
3	（1）掉头装夹工件，工件伸出长度约 40 mm，找正、夹紧； （2）用 45°外圆车刀车端面，表面粗糙度控制在 *R*a3.2 μm，同时控制工件总长 70 mm	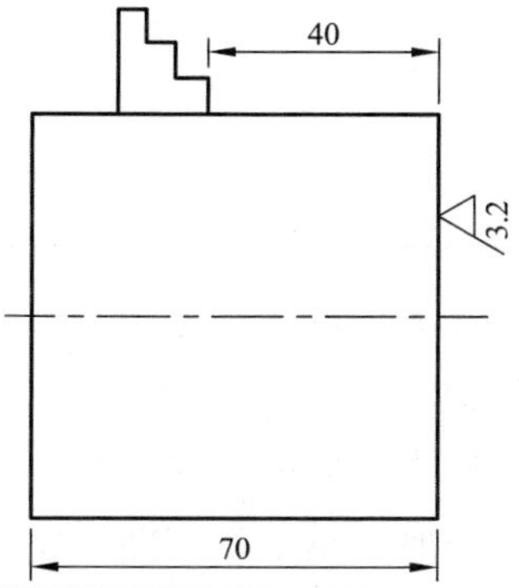

续表

步骤	内容	工艺简图
4	（1）装夹中心钻； （2）钻中心孔。 注：钻中心孔时用力应均匀，主轴转速：800 r/min；中心孔不得钻得太深，中心孔钻好时中心钻应稍作停留再退出	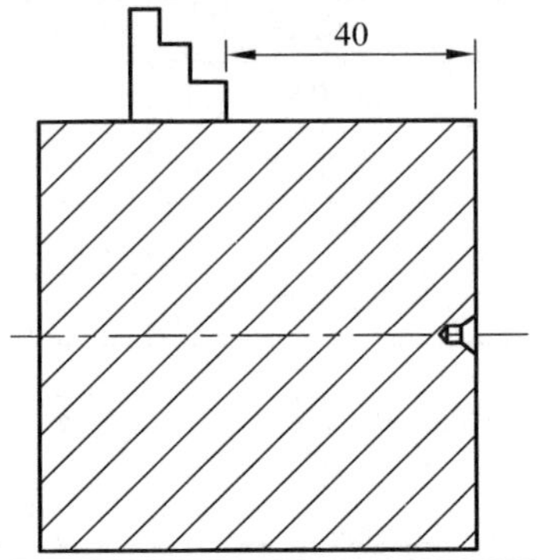
5	装夹ϕ35 麻花钻	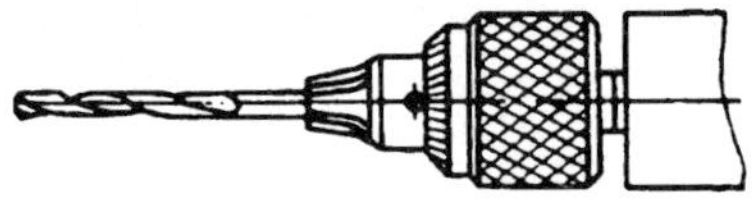
6	钻ϕ35 通孔，表面粗糙度控制在Ra12.5 μm。 注：钻孔时应打开切削液及时冷却钻头和工件，用力应均匀，主轴转速：200 r/min	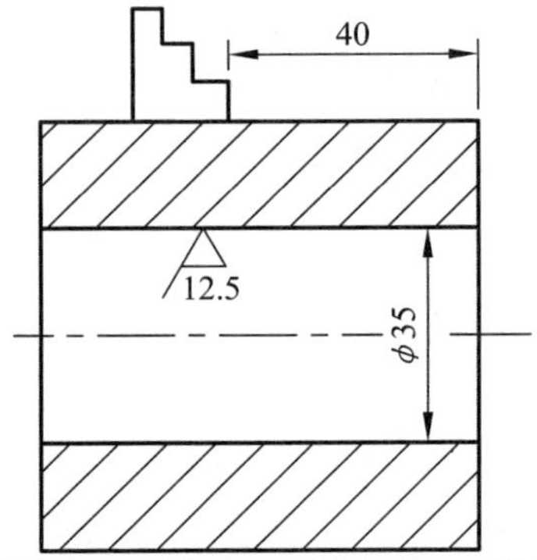
7	检测	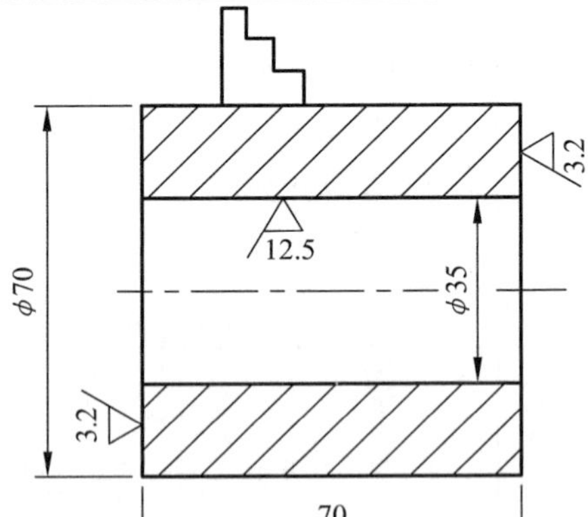

（5）任务评价（详见附表 3-16）。

操作提示：

- 先检查车床的运转情况，将操作物品合理摆放，审图并检查备料尺寸。
- 检查麻花钻是否弯曲，钻夹头、转套是否安装正确。

• 钻中心孔和钻孔时都要注意变换主轴转速。

• 中心钻、麻花钻轴线必须与工件旋转轴线相重合，否则会折断钻头。

• 钻孔时必须充分加注切削液以防止麻花钻过热而退火。因此在加工过程中应经常退出麻花钻，以便于排屑和冷却。

• 中心钻易折断的原因：工件端面留有小凸头；中心钻未对准工件旋转中心；移动尾座时不小心撞断；转速太低、进给太快；中心钻磨损。

【知识链接】

3.1　麻花钻的选用

钻孔是最常用的孔加工方法，但加工精度及表面粗糙度较低，一般为 IT14 ~ IT11 及 Ra12.5 ~ 6.3 μm。对于精度要求不高的孔，可选用钻头直接钻孔，而对于精度要求较高的孔，还需通过车削等加工才能完成。

选用麻花钻时，应根据下一道工序的要求留出加工余量。麻花钻螺旋部分长度要略长于孔深。钻头过长时刚性变差，钻头过短则排屑困难，应根据实际加工要求灵活调整。

3.2　钻头的装夹

直柄麻花钻用钻夹头装夹，再将钻夹头的锥柄插入尾座锥孔。锥柄麻花钻可直接或用莫氏变径套过渡插入尾座锥孔，如图 5-7 所示。

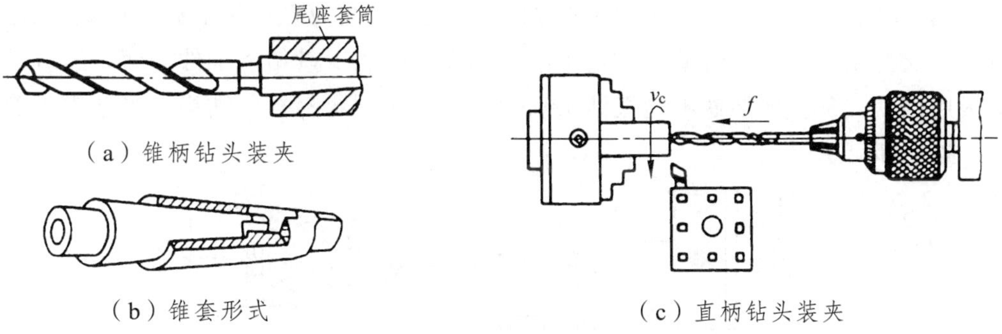

（a）锥柄钻头装夹

（b）锥套形式

（c）直柄钻头装夹

图 5-7　钻头的装夹

3.3　钻孔时切削用量的选择

1. 背吃刀量 a_p

钻孔时的背吃刀量是麻花钻直径的 1/2，并随着麻花钻直径的大小而改变。

2. **切削速度** v_c

孔加工时的切削速度为

$$v_c = \frac{\pi D n}{1\,000}$$

式中　v_c——切削速度，m/min；

D——钻头直径，mm；

n——车床主轴转速，r/min。

用高速钢钻头钻钢料时，v_c 一般选 15 ~ 30 m/min，扩孔时可略高一些；钻铸铁时，v_c 一般选 10 ~ 25 m/min；钻铝合金时，v_c 一般选 75 ~ 90 m/min。

3. **进给量** f

在车床上，钻孔的进给量是通过手摇车床尾座手轮来实现的。使用小直径钻头钻孔时，进给量太大容易折断钻头。用直径为 12 ~ 30 mm 的钻头钻削钢料时，进给量选 0.1 ~ 0.35 mm/r；钻铸铁时选 0.15 ~ 0.4 mm/r。

3.4　钻孔的方法和步骤

（1）钻孔前先车平工件端面，中心处不能有凸头，以利于钻头的正确定心。

（2）找正尾座，使钻头中心对准工件旋转中心，否则可能会扩大钻孔直径和折断钻头。

（3）钻孔时应根据麻花钻直径调整主轴转速。先缓慢均匀地摇动尾座手轮，使麻花钻缓慢切入工件，待两个主切削刃完全切入工件时，再逐渐加大进给速度。

（4）用细长麻花钻钻孔时，为了防止钻头晃动，可以在刀架上夹一挡铁，如图 5-8 所示，支持钻头头部，帮助钻头定中心。即先用钻头少量钻入工件平面，然后摇动中滑板用挡铁支顶，但挡铁不能把钻头顶过中心，否则容易折断钻头。当钻头正确定心时，挡铁即可退出。

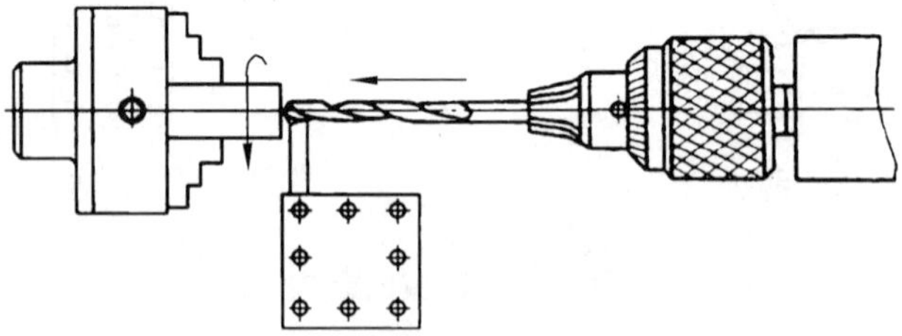

图 5-8　用挡铁支顶钻头

（5）钻通孔时，在孔快要钻透时应减慢进给速度，保证孔的完整性及保护钻头。钻盲孔时，在钻尖开始切入工件端面时，用量具测量尾座套筒的伸出长度，钻盲孔的深度就是所测的伸出长度加上孔深。

（6）钻深孔时，由于排屑比较困难，应经常退出麻花钻以便排屑及冷却钻头。

3.5 切削液的种类及选用

钻孔时如果散热不好，对刀具和工件将产生不利影响。实践证明，使用切削液是降低切削温度的一个有效途径。切削液不仅起冷却作用，还起润滑、清洗和防锈的作用。常用切削液有：水溶液、乳化液、切削油等，其性能和用途见表 5-7。

表 5-7 常用切削液种类及选用

序号	名称	组成	主要用途
1	水溶液	以硝酸钠、碳酸钠等溶于水的溶液，用 100～200 倍的水稀释而成	磨削
2	乳化液	矿物油很少，主要为表面活性剂的乳化液，用 40～80 倍的水稀释而成，冷却和清洗性能好	车削、钻孔
		以矿物油为主，少量表面活性剂的乳化油，用 10～20 倍的水稀释而成，冷却和润滑性能好	车削、攻螺纹
		在乳化液中加入极压添加剂	高速车削、钻削
3	切削油	矿物油（L～AN15、L～AN32 全损耗系统用油）单独使用	滚齿、插齿
		矿物油加植物油或动物油形成混合油，润滑性能好	精磨螺纹车削
		矿物油或混合油中加入极压添加剂形成极压油	高速滚齿、插齿、车螺纹
4	其他	液态的 CO_2	主要用于冷却
		二硫化钼＋硬脂酸＋石蜡做成蜡笔，涂于刀具表面	攻螺纹

加工中使用的切削液要根据工件材料、刀具材料、加工方法、加工要求、机床类型等情况综合考虑，合理选用。

从刀具材料考虑，高速钢刀具耐热性差，一般应用切削液。粗加工时，金属切除量大，产生的热量大，这时使用切削液的主要目的是降低切削温度，可选用以冷却为主的切削液，如乳化液或合成切削液。精加工时主要要求减小加工表面粗糙度和提高加工精度，应选用以润滑性能为主的切削液。硬质合金刀具由于耐热性好，一般不用切削液。必要时也可以常用低浓度乳化液或合成切削液，但必须充分地、均匀地浇注，否则刀片会因冷热不匀而崩裂。

从工件材料考虑，切削钢等塑性材料需要切削液。切削铸铁等脆性材料时可不用切削液。

从加工方法考虑，钻孔、铰孔、攻螺纹和拉削加工时，宜用乳化液或切削油。成形刀具、螺纹刀具、齿轮刀具等刀具价格较贵，要求刀具寿命高，宜采用切削油等。磨削加工温度较高，而且会产生大量的细屑及脱落砂粒，要求切削液具有良好的冷却性能及清洗性能，常用乳化液。

【思考与练习】

（1）试述钻头的选用原则。

（2）装夹钻头应注意哪些事项？

（3）简述钻孔的方法、步骤及操作要领。

（4）孔的其他加工方法有哪些？扩孔比钻孔在切削性能上有哪些优点？

（5）在$\phi 35 \times 40$ mm 的棒料上练习钻孔（孔径自定）。要求：确定切削参数，编制加工步骤并绘制工艺简图。

任务 4 车通孔

【任务描述】

铸造孔、锻造孔或用钻头钻出的孔，因加工精度较低，为了达到所要求的精度和表面粗糙度，还需对孔进行再次加工。车孔是常见的孔加工方法之一，可以作粗加工，也可以作精加工。通过本任务的学习与实践，掌握车削和检测通孔的相应知识和技能。

能力目标

（1）能正确装夹内孔刀；

（2）能按图纸要求车削通孔；

（3）能用内卡钳、塞规检测孔径。

车通孔

知识目标

（1）掌握内孔刀的安装方法和注意事项；

（2）掌握车削通孔的方法和步骤；

（3）掌握内卡钳、塞规的使用方法；

（4）了解盲孔的加工方法及特点；

（5）了解套类零件形位公差的测量方法。

镗孔

素质目标

（1）培养学生严谨的工作作风；

（2）养成安全、文明生产的良好习惯。

【任务实施】

（1）完成图 5-9 所示零件的加工。

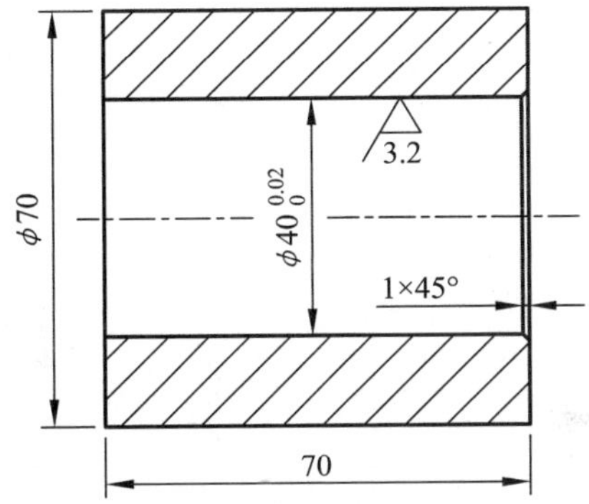

图 5-9　车通孔

（2）设备、毛坯及材料：C6140、图 5-12 加工完成的工件、45#钢。

（3）选用工量具，见表 5-8。

表 5-8　选用工量具

序号	名称	规格	数量	备注
1	内孔车刀	自选	1	
2	45°外圆车刀	自选	1	
3	游标卡尺	自选	1	
4	塞规	自选	1	
5	内卡钳	自选	1	
6	钢直尺	自选	1	

（4）加工步骤及内容，见表 5-9。

表 5-9　加工步骤及内容

步骤	内容	工艺简图
1	检查毛坯尺寸，确定装夹方法和加工余量	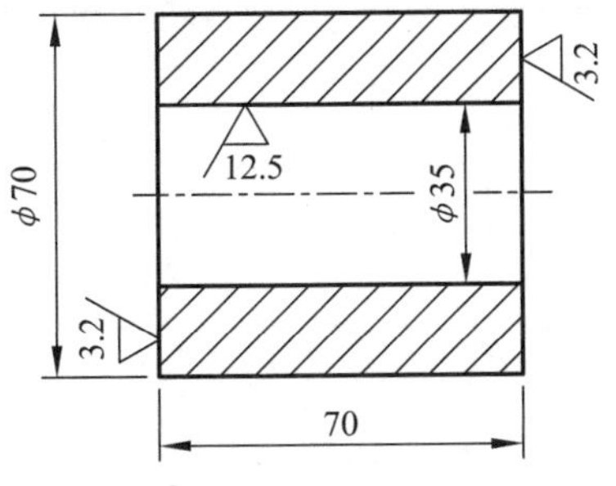

续表

步骤	内容	工艺简图
2	用三爪卡盘装夹工件，工件伸出卡盘约 40 mm，找正、夹紧	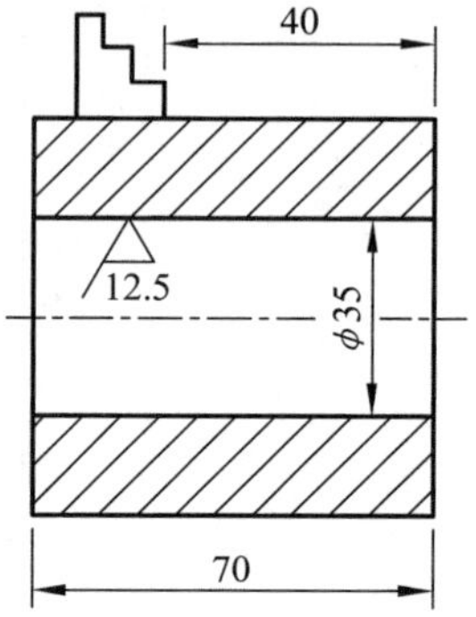
3	用内孔车刀粗、精车内孔 ϕ40 mm 至尺寸（粗车时，留 0.5 mm 的精车余量），控制表面粗糙度为 Ra3.2 μm	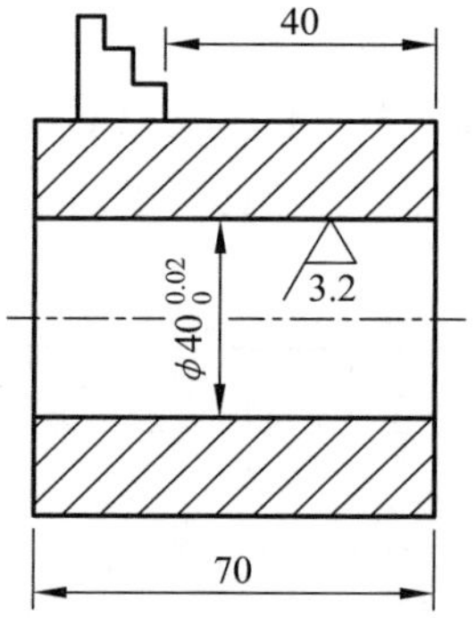
4	用 45°车刀倒角 1×45°	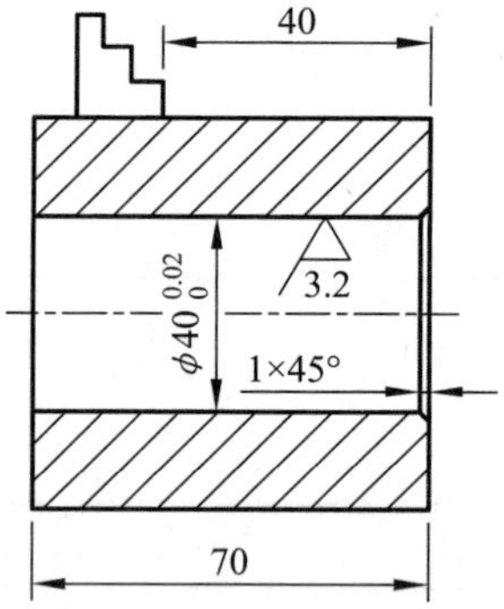
5	检测	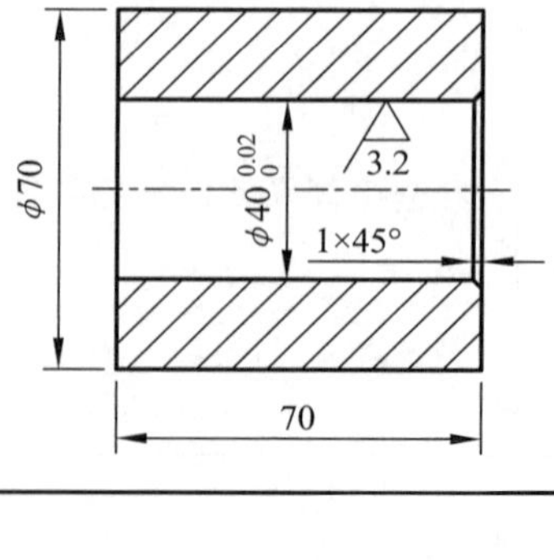

（5）任务评价（详见附表 3-17）。

操作提示：

（1）先检查车床的运转情况，将操作物品合理摆放，审图并检查备料尺寸。

（2）车通孔的方法类似车外圆柱，只是进刀与退刀的方向刚好相反，退刀时注意刀杆不要碰到孔壁。

（3）车孔时，由于工作条件不利，加上刀柄比较长，刚性差，易引起振动，因此车内孔时切削用量要比车外圆时低些。

（4）精车内孔时，应保持切削刃锋利，不然容易产生让刀，把孔车成锥形。

（5）使用塞规时，应尽可能使塞规与被测工件的温度保持一致。测量内孔时，不要硬塞强行通过，一般应靠塞规自身重力自由通过，测量时塞规轴线应与孔的轴线一致，不能歪斜。

【知识链接】

4.1 通孔车刀的装夹

（1）通孔车刀装夹时，刀尖应对准工件中心，检验刀尖中心高的简便方法是车端面进行对刀，能将端面车平即对刀正确。精车刀可略高于工件中心。

（2）为了增加内孔刀刚性，防止产生振动，刀杆的伸出长度尽可能短些，一般比被加工孔长 5 ~ 10 mm 即可。

（3）刀杆应与内孔轴心线平行，否则车到一定深度后刀杆可能会与孔壁相碰。为了确保安全，通常在车孔前先把内孔车刀在孔内试走一遍，保证车孔顺利进行。

4.2 车通孔的方法

通孔（又称直孔）车削基本上与车外圆相同，只是进刀和退刀方向刚好相反。粗车和精车内孔时也要进行试切和试测，其试切方法与试切外圆相同，即根据径向余量的一半横向进给，当车刀纵向切削至 2 mm 左右时纵向快速退出车刀（横向不动）然后停车试测，反复进行直至符合孔径精度要求。

4.3 孔径的测量

测量孔径尺寸的常用工具有：内卡钳、塞规及千分尺（外径千分尺常与内卡钳配合测量），而最常用的还是内卡钳，它对粗车和试切削的尺寸都能迅速地反映出来。用塞规测量，也必须用内卡钳来配合使用。目前对于精度较高的孔径都用内径百分表测量。

【知识拓展】

4.4　车盲孔

4.4.1　盲孔车刀的装夹

盲孔又称平底孔。装夹盲孔车刀时应注意：刀尖应对准工件中心；刀杆尽可能伸出短些；内偏刀的主刀刃应和平面成 3° ~ 5°的夹角；在车削内平面时，要求横向有足够的退刀余地，如图 5-10 所示。一般盲孔车刀刀尖至刀柄外侧的距离应小于内孔半径，否则切削时刀尖还未车至中心，刀柄外侧就已碰上孔壁了。

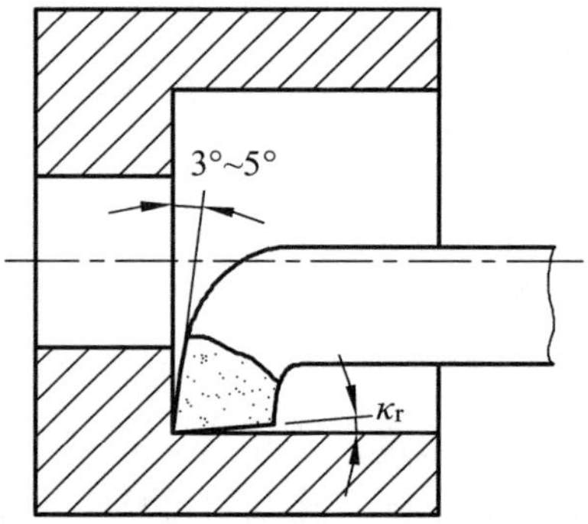

图 5-10　内偏刀的装夹要求

车盲孔时，车刀的刀尖必须与工件的旋转中心等高，否则不能将孔底车平。检验盲孔车刀刀尖高的方法与外圆车刀相似，即通过平端面，若端面能车至中心，则盲孔底面也能车平。

4.4.2　车盲孔的方法及步骤

（1）车平端面，钻中心孔。

（2）选择比孔径小 1.5 ~ 2 mm 的麻花钻先钻出底孔（其钻孔深度从钻头顶尖量起），再用相同直径的平头麻花钻将孔底扩成平底（孔底平面留 0.5 ~ 1 mm 的余量）。

（3）粗车孔径（留 0.2 ~ 0.5 mm 的精车余量）。采用机动纵向进给时，当床鞍刻度指示离孔底还有 2 ~ 3 mm，应停止机动进给改用手动进给，防止车刀与孔底碰撞。

（4）精车孔径至尺寸。

【思考与练习】

（1）内孔刀的安装方法及注意事项？

（2）试述车盲孔的方法及步骤。

（3）完成图 5-11 所示零件的加工。要求：确定切削参数，编制加工步骤并绘制工艺简图。毛坯尺寸：ϕ50×60 mm。

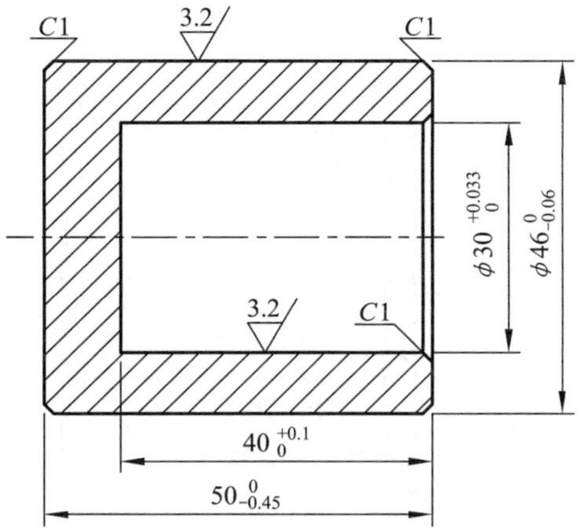

图 5-11

任务 5　车台阶孔

【任务描述】

车床不仅可以车削通孔、盲孔，还可以车削台阶孔、内沟槽、端面槽等。通过本任务的学习与实践，掌握车削和检测台阶孔的相应知识和技能。

能力目标

（1）能熟练装夹内孔刀；

（2）能按图纸要求车削台阶孔；

（3）能用内径百分表检测孔径。

车台阶孔

知识目标

（1）掌握车削台阶孔的方法；

（2）掌握内径百分表的使用；

（3）了解内沟槽、端面槽的加工方法。

素质目标

（1）培养学生严谨的工作作风，养成安全、文明生产的良好习惯；

（2）培养学生积极动手、团结协作、举一反三的能力。

【任务实施】

（1）完成图 5-12 所示零件的加工。

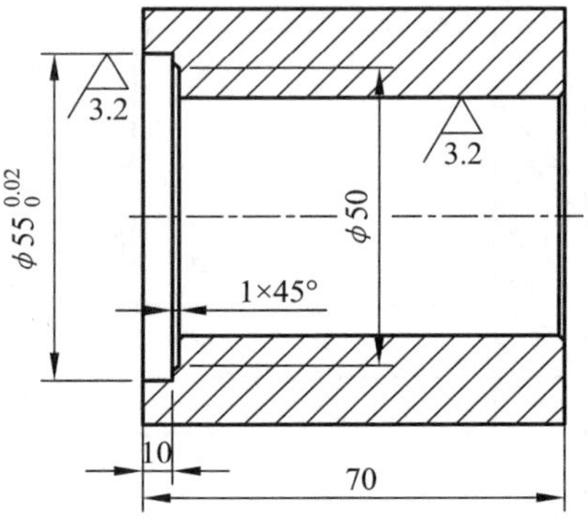

图 5-12　台阶孔

（2）设备、毛坯及材料：C6140、45#钢。

（3）选用工量具，见表 5-10。

表 5-10　选用工量具

序号	名称	规格	数量	备注
1	内孔车刀	自选	1	
2	钢直尺	自选	1	
3	游标卡尺	自选	1	
4	45°外圆刀	自选	1	
5	内径百分表	自选	1	
6	塞规	自选	1	

（4）加工步骤及内容，见表 5-11。

表 5-11　加工步骤及内容

步骤	内容	工艺简图
1	检查毛坯尺寸，确定装夹方法和加工余量	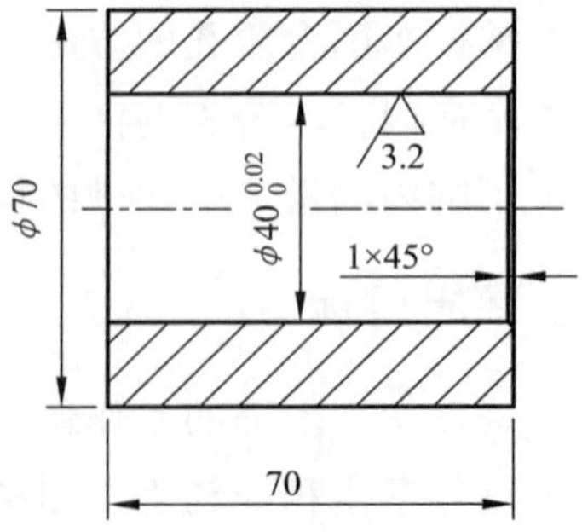

续表

<table>
<tr><th>步骤</th><th>内容</th><th>工艺简图</th></tr>
<tr><td>2</td><td>用三爪卡盘装夹工件，工件伸出卡盘约 40 mm，找正、夹紧</td><td>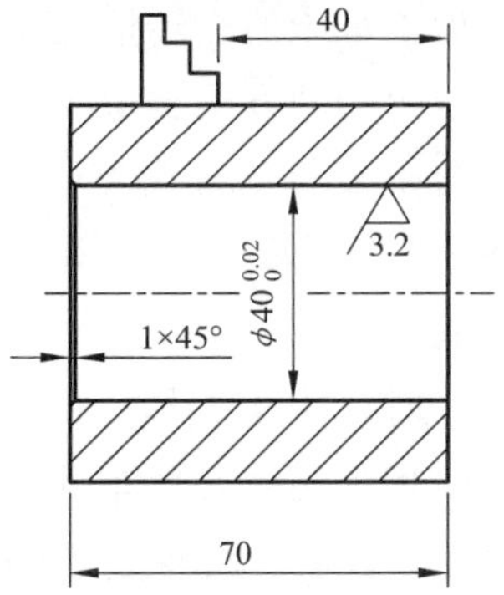</td></tr>
<tr><td>3</td><td>用盲孔车刀粗、精车台阶孔至尺寸（粗车时留 0.5 mm 的精车余量）</td><td>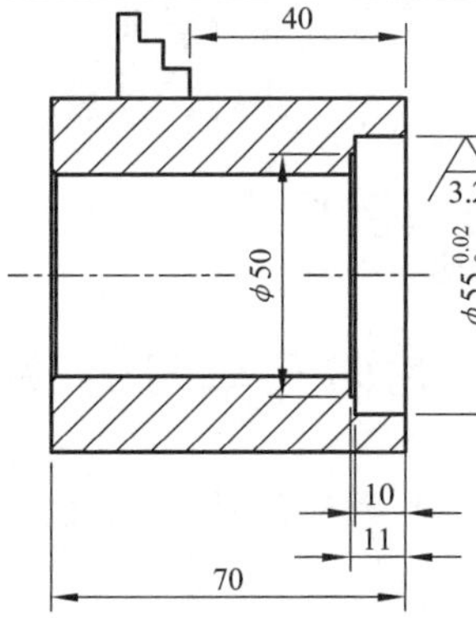</td></tr>
<tr><td>4</td><td>用 45°车刀倒角 1×45°</td><td>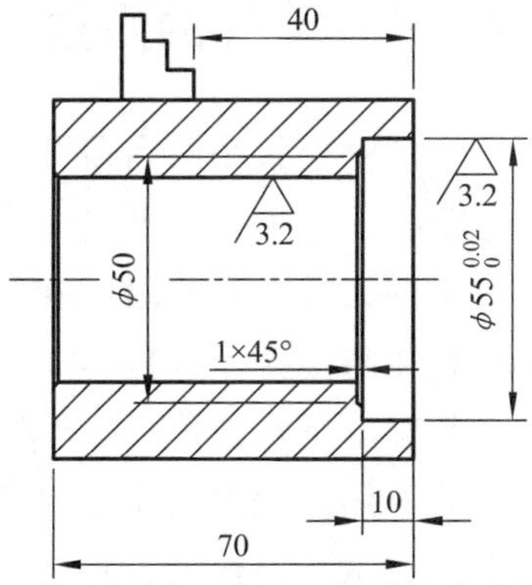</td></tr>
<tr><td>5</td><td>检测</td><td>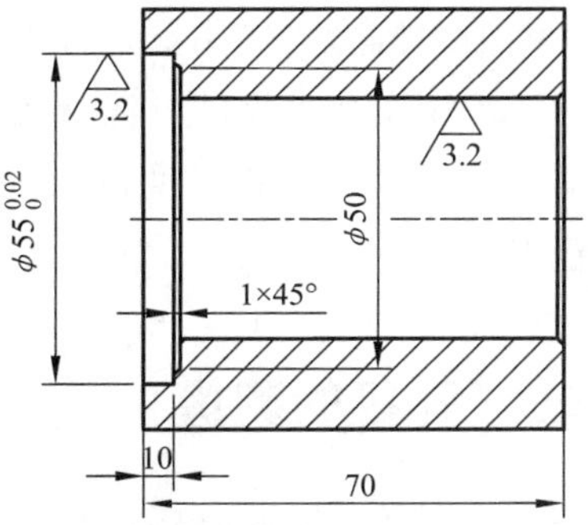</td></tr>
</table>

（5）任务评价（详见附表 3-18）。

操作提示：

• 先检查车床的运转情况，将操作物品合理摆放，审图并检查备料尺寸。

• 车台阶孔的方法类似车台阶轴，只是进刀与退刀的方向刚好相反。

• 车台阶孔与车盲孔类似，内孔车刀的刀尖必须与工件的旋转中心等高，否则不能将孔底车平。车刀纵向切削至底平面前，应停止机动进给，用手动进给代替，防止车刀碰撞底面。

• 车孔时，由于工作条件不利，加上刀柄比较长，刚性较差，容易引起振动，因此车内孔时切削用量要比车外圆时低些。

• 精车内孔时，应保持切削刃锋利，否则容易产生让刀，把孔车成锥形。

• 用内径百分表测量前，应检测整个测量装置是否正常，如固定测量头有无松动，百分表是否灵活，指针转动后能否回到原来位置，指针对准的“零位”是否走动。

【知识链接】

5.1　台阶孔车刀的装夹

台阶内孔刀的形状与装夹方法类似于盲孔车刀。

5.2　车台阶孔的方法

（1）车削直径较小的台阶孔时，由于直接观察困难，尺寸精度不易掌握，所以通常采用先粗、精车小孔，再粗、精车大孔的方法。

（2）车削大的台阶孔时，在便于测量小孔尺寸而视线又不受影响的情况下，可采用先粗车大孔和小孔，再精车小孔和大孔的方法。

（3）车削孔径大、小相差悬殊的台阶孔时，最好采用主偏角小于 90°的车刀先进行粗车，然后再用内偏刀精车至尺寸。因为刀尖处于刀刃的最前列，切削时刀尖先切入工件，因此其承受力最大，加上刀尖本身强度差，所以容易碎裂。其次，由于刀杆细长，在纯轴向抗力的作用下，进刀太深容易产生振动和扎刀。

（4）控制车孔长度的方法如图 5-13 所示。粗车时在刀杆上刻线痕作标记，或安放限位铜片，以及用床鞍刻度盘的刻线来控制等。精车时还需用钢直尺、游标深度尺等量具复查。

5.3　孔径的测量

内径百分表的测量精度较高，其外形如图 5-14 所示，由测量触头和各种尺寸的接长杆组成，其分度值为 0.01 mm，每根接长杆上都注有公称尺寸和编号，可按需要选用。内径百分表是用对比法来测量孔径，因此使用时应先根据被测量工件的内孔直径，用外径千分尺将内径表对准“零”位后方可进行测量，其测量方法如图 5-15 所示，取最小值为孔的实际尺寸。

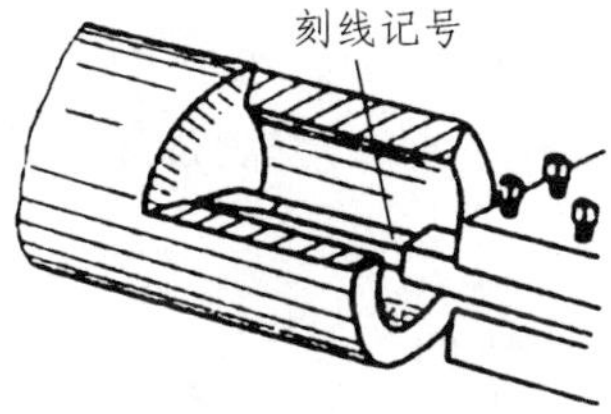

（a）刻线记号

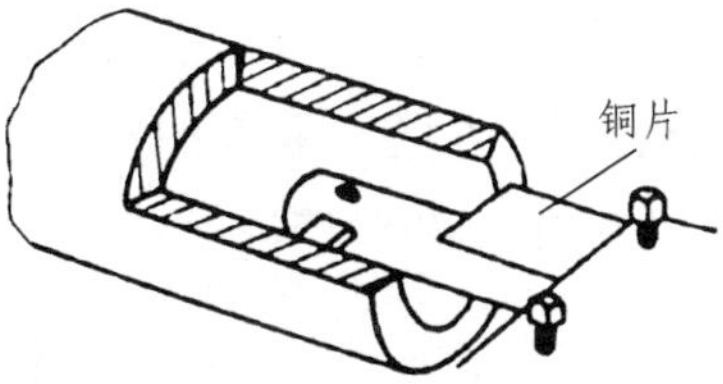

（b）限位铜片

图 5-13　控制车孔长度的方法

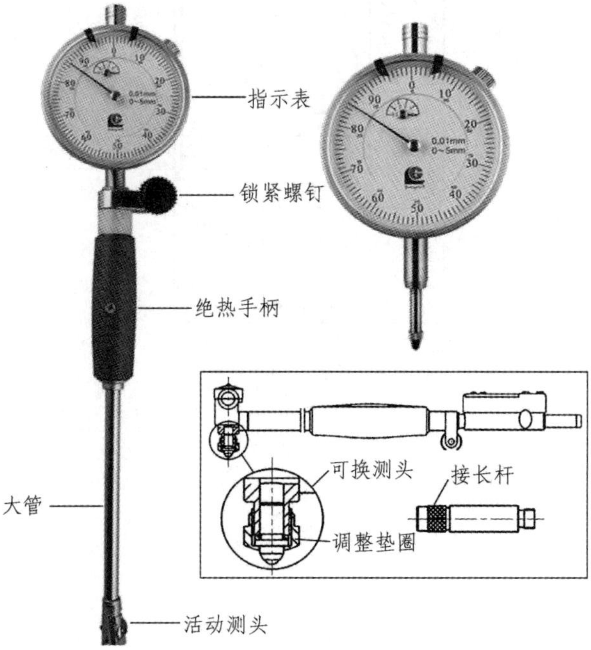

图 5-14　内径百分表

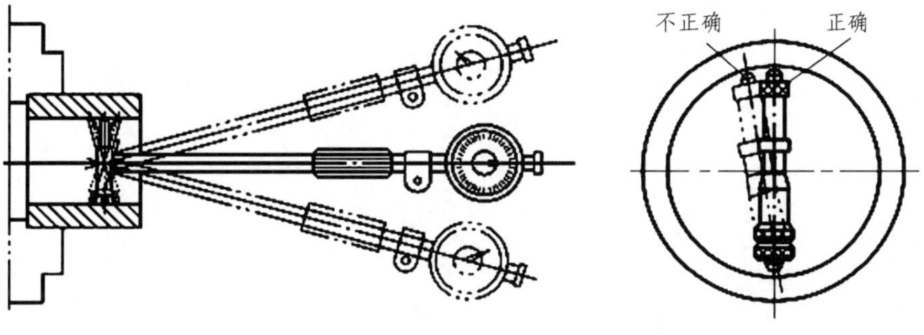

图 5-15　内径百分表的测量方法

【思考与练习】

（1）车床孔加工的方法有哪些？

（2）不通孔车刀与通孔车刀有什么区别？

（3）车不通孔时，用来控制孔深的方法有哪几种？

（4）利用内径百分表检测内孔时，应注意些什么问题？

（5）完成图 5-16 所示零件的加工。要求：确定切削参数，编制加工步骤并绘制工艺简图。毛坯尺寸：$\phi55\times50$ mm。

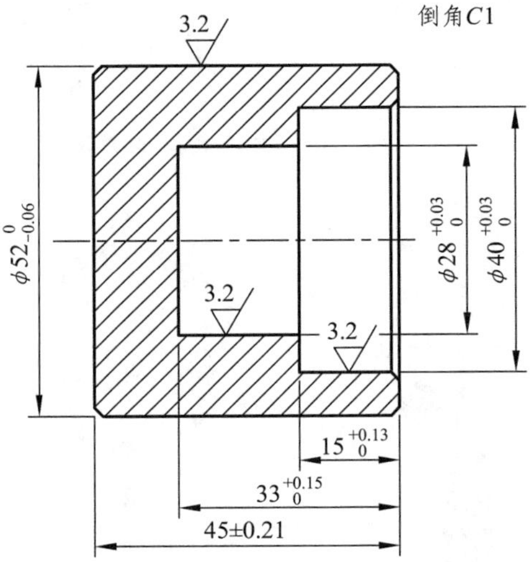

图 5-16

项目 6　螺纹的车削加工

【项目简述】

在各种机械零件中，带有螺纹的零件应用很广泛。螺纹有很多种类，它主要起连接、传递动力等作用。常用的螺纹都有国家标准，如三角螺纹，这类标准螺纹具有很好的互换性和通用性，但也有少量非标准螺纹，如矩形螺纹等。在车床上加工螺纹是车工的基本技能要求之一。本项目通过完成如图 6-1 所示零件的加工，掌握车削三角螺纹、梯形螺纹的相关知识与技能。

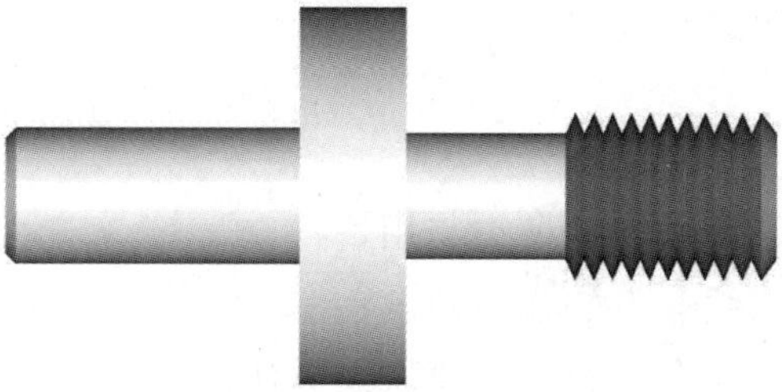

图 6-1　普通三角螺纹加工

能力目标

（1）能识读带螺纹的零件图，会编制螺纹零件的加工步骤；
（2）能正确装夹螺纹车刀；
（3）能车削和检测普通三角螺纹；
（4）能刃磨螺纹车刀。

知识目标

（1）掌握螺纹零件图的识读与绘制知识；
（2）掌握普通三角螺纹车刀的装夹要点；
（3）掌握螺纹零件的加工与检测方法；
（4）掌握车削螺纹时出现废品的原因及预防措施。

素质目标

（1）培养学生综合运用知识的能力，养成良好的学习习惯和严谨的工作作风；
（2）培养学生积极动手、团结协作、举一反三的能力；
（3）养成安全、文明生产的良好习惯。

任务1 三角螺纹车刀的刃磨

【任务描述】

通过本任务的学习与训练，掌握刃磨普通三角螺纹车刀的相关知识和技能。

能力目标

能正确刃磨普通三角螺纹车刀。

三角螺纹车刀的刃磨

知识目标

（1）掌握普通三角螺纹车刀的种类与用途；
（2）掌握普通三角螺纹车刀的几何角度；
（3）掌握普通三角螺纹车刀刃磨的要求及方法。

素质目标

培养学生的实践动手能力，观察分析问题的能力。

【任务实施】

（1）完成图6-2所示三角外螺纹车刀的刃磨。

刃磨外螺纹车刀

刃磨内螺纹车刀

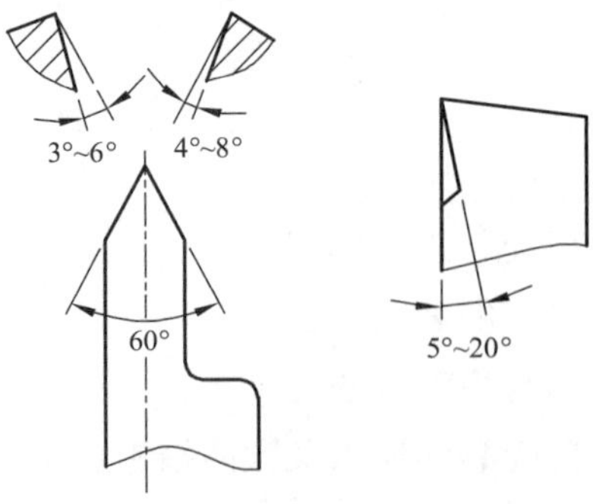

图6-2　刃磨三角螺纹车刀

（2）选用设备、工量具及刀具，见表 6-1。

表 6-1　选用设备、工量具及刀具

序　号	名称	规格
1	三角外螺纹车刀	
2	砂轮机	
3	螺纹样板	

（3）加工步骤及内容，见表 6-2。

表 6-2　加工步骤及内容

步骤	内容	工艺简图
1	粗磨主、副后刀面。 操作要点：先磨左侧，再磨右侧。车刀与砂轮接触后稍加压力，并缓慢均匀移动，磨出牙型半角及主、副后角	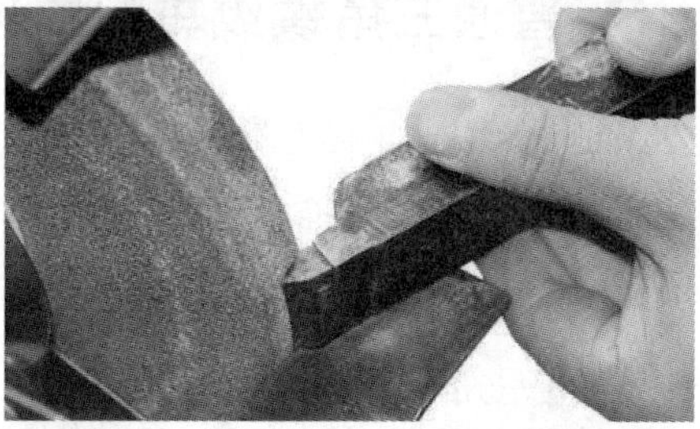
2	粗、精磨前面，保证前角角度为规定角度范围，这时刀头基本成形	
3	用螺纹牙型样板检查外三角螺纹车刀的牙型角，保证其角度正确	

续表

步骤	内容	工艺简图
4	精磨主、副后面。刀尖角用样板检查修正，保证切削刃平直，刀面光洁，角度正确，刀具锋利	

（4）任务评价（详见附表 3-19）。

操作提示：

- 磨刀时，人站立的姿势要正确。
- 刃磨高速钢车刀时，应及时蘸水冷却，以免刀具过热而退火。
- 刃磨螺纹车刀的刀刃时，要缓慢匀速移动，这样容易使刀刃平直。

【知识链接】

1.1 普通三角螺纹车刀的种类及车刀角度

要保证螺纹的加工质量，螺纹车刀刃磨得正确与否是必要环节之一。螺纹车刀按加工性质属于成形刀具，其切削部分的形状应当和螺纹牙型的形状相符合，即车刀的刀尖角应等于牙型角。

1. 普通三角螺纹车刀的种类

（1）按用途分有内三角螺纹车刀和外三角螺纹车刀。常用三角螺纹车刀如图 6-3 所示。

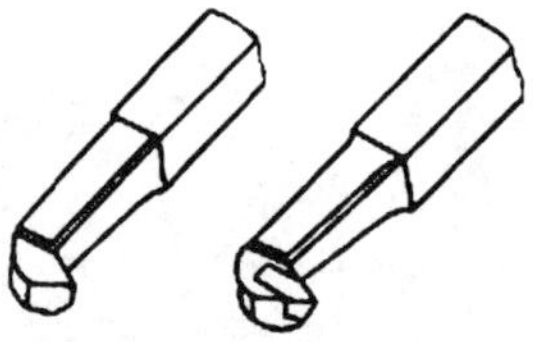

（a）整体式内螺纹车刀

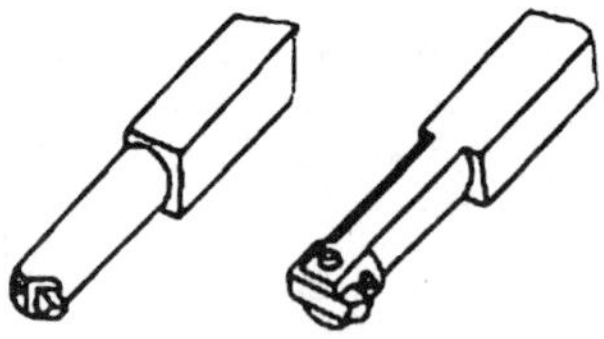

（b）装配式内螺纹车刀

（c）装配式外螺纹车刀

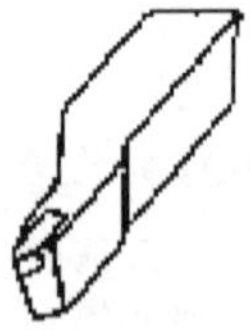

（d）整体式外螺纹车刀

图 6-3　常用三角螺纹车刀

（2）按车刀材料分有高速钢螺纹车刀和硬质合金螺纹车刀。

2. 三角螺纹车刀的几何角度

（1）普通三角螺纹车刀牙型角为 60°，英制螺纹牙型角为 55°，如图 6-4（a）所示。

（2）前角一般为 0° ~ 15°，因为螺纹车刀的径向前角对牙型角有很大影响，所以精车时或精度要求高的螺纹，径向前角取得小些，为 0° ~ 5°，如图 6-4（b）所示。

（3）车刀两侧的工作后角一般为 3° ~ 5°。因受螺纹升角的影响，进刀方向一侧的刃磨后角应等于工作后角加上螺纹升角，另一侧的刃磨后角应等于工作后角减去螺纹升角。三角螺纹升角一般比较小，影响也较小。

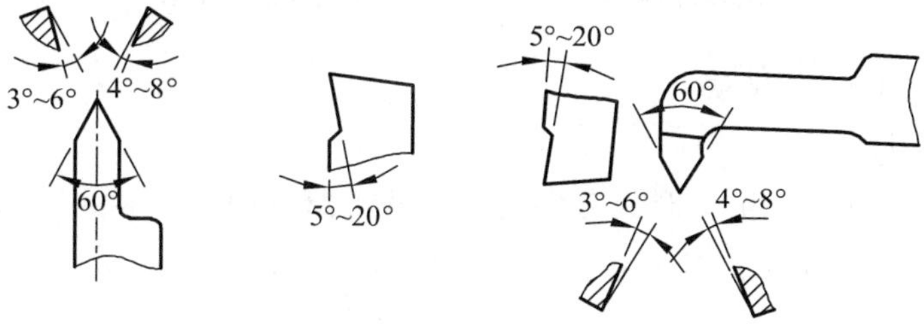

（a）粗车刀

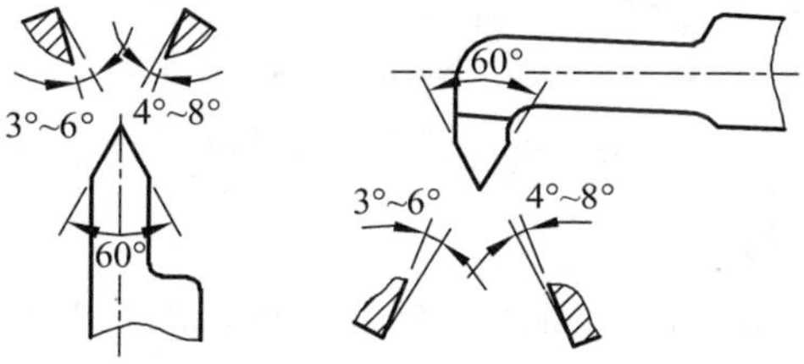

（b）精车刀

图 6-4　内外三角螺纹车刀

螺纹升角 φ 可按下式计算，即

$$\tan\varphi = \frac{nP}{\pi d_2} = \frac{P_h}{\pi d_2}$$

式中　φ ——螺纹升角；

n——螺纹线数；

P——螺距，mm；

d_2——中径，mm；

P_h——导程，mm。

1.2　普通三角螺纹车刀的刃磨

由于螺纹车刀的刀尖受刀尖角限制，刀体面积较小，因此刃磨时比一般车刀难以正确掌握。具体的要求如下：

1. 刃磨螺纹车刀的要求

（1）当螺纹车刀径向前角 $\gamma_p = 0°$ 时，刀尖角应等于牙型角；当螺纹车刀径向前角 $\gamma_p > 0°$ 时，刀尖角必须修正。

（2）螺纹车刀两侧切削刃必须是直线且对称，牙型半角应相等。

（3）加工大螺距螺纹的车刀，应考虑进给方向的后角加一个螺旋升角，另一侧减一个螺旋升角。

（4）内螺纹车刀刀尖角平分线必须与刀柄垂直。

（5）内螺纹车刀的后角应和内孔车刀一样，应磨双重后角。

2. 三角螺纹车刀的刃磨

（1）粗磨前刀面。

（2）磨两侧后刀面，初步形成刀尖角。先磨进给方向侧刃，再磨背进给方向侧刃（注意用样板检查牙型角）三角螺纹样板，如图 6-5 所示。

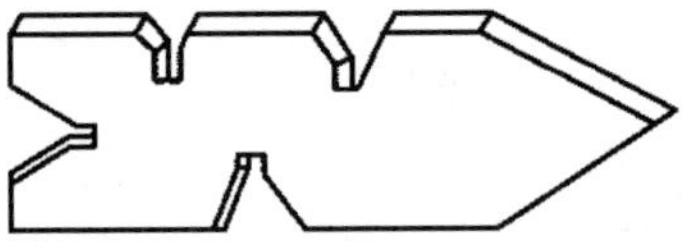

图 6-5　三角螺纹样板

（3）精磨前面，磨出前角。

（4）精磨后刀面，刀尖角用三角螺纹车刀样板来测量修正。对于具有纵向前角的螺纹车刀，刀尖角用较厚的螺纹样板来测量，能得到正确的角度，检查时样板应与车刀底面平行，如图 6-6（a）所示；如样板与车刀底面不平行则是错误的检测方法，如图 6-6（b）所示。

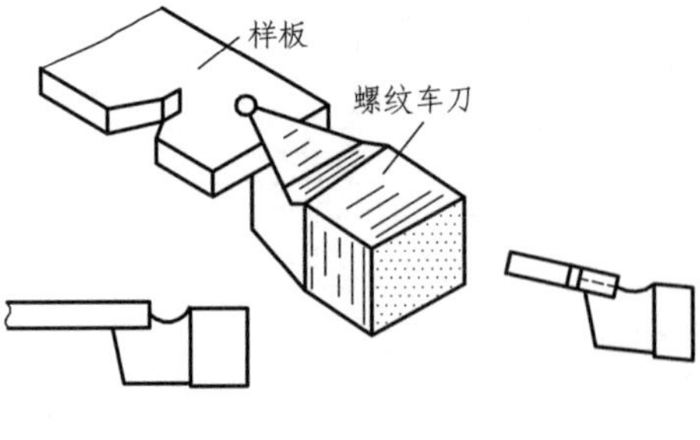

（a）正确测量　　（b）错误测量

图 6-6　用较厚样板测量修正

（5）修磨刀尖。刀尖侧棱宽度为 $0.1P$。

（6）用磨石研磨切削刃处的前后刀面（注意保持刃口锋利）。

1.3　容易产生的问题和注意事项

（1）磨刀时，人站立的姿势要正确。在刃磨整体式内螺纹车刀内侧时，易将车刀磨歪斜。

（2）磨外螺纹车刀时，刀尖角平分线应平行于刀体中心。磨内螺纹车刀时，刀尖角平分线应垂直于刀体中心。

（3）粗磨时也应用三角螺纹样板检查，对径向前角 $\gamma_p > 0°$ 的螺纹车刀，粗磨时刀尖角略大于牙型角，待磨好前角后再修磨刀尖角。

（4）刃磨高速钢螺纹车刀时压力应轻些，并及时放入水中冷却以免刀尖过热退火。

（5）刃磨螺纹车刀的切削刃时，应沿水平方向缓慢平行移动，使切削刃平直。

【思考与练习】

（1）作图分析外三角螺纹车刀的刃磨角度。

（2）用废旧螺纹车刀进行刃磨练习。

任务 2　普通三角螺纹的加工

【任务描述】

通过本任务的学习与训练，掌握车削普通三角螺纹的相关知识和技能。

能力目标

（1）能正确装夹螺纹车刀；

（2）能车削和检测普通三角螺纹。

普通三角螺纹的加工孔

知识目标

（1）掌握车削普通螺纹时切削用量的选择；

（2）掌握普通三角螺纹的车削和检测方法；

（3）掌握车削普通三角螺纹时切削用量的选择。

素质目标

培养学生的实践动手能力，学以致用的能力，能针对问题进行初步分析的能力。

【任务实施】

（1）完成图 6-7 所示零件的加工。

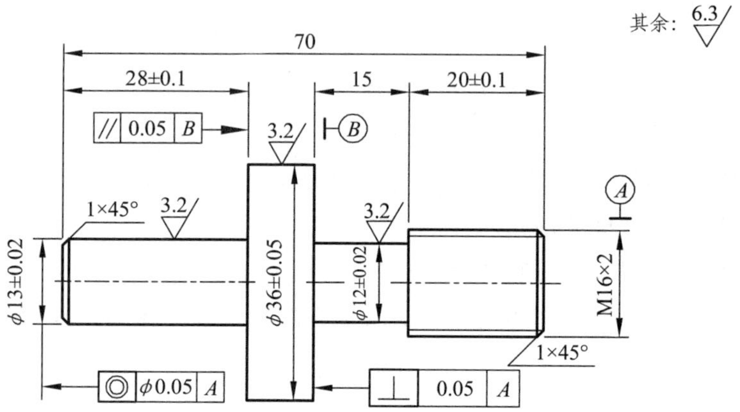

图 6-7　普通三角螺纹加工

（2）设备、毛坯及材料：C6140、45#钢。

（3）选用工量具，见表 6-3。

表 6-3　选用工量具

序号	名称	规格	数量	备注
1	90°外圆车刀	自选	1	
2	45°外圆车刀	自选	1	
3	外三角螺纹车刀	自选	1	
4	切断刀	自选	1	
5	游标卡尺	0 ~ 150 mm	1	
6	钢直尺	自选	1	
7	螺距规	自选	1	
8	螺纹样板	自选	1	

（4）加工步骤及内容，见表 6-4。

表 6-4　加工步骤及内容

步骤	内容	工艺简图
1	检查毛坯尺寸，确定装夹方法及加工余量	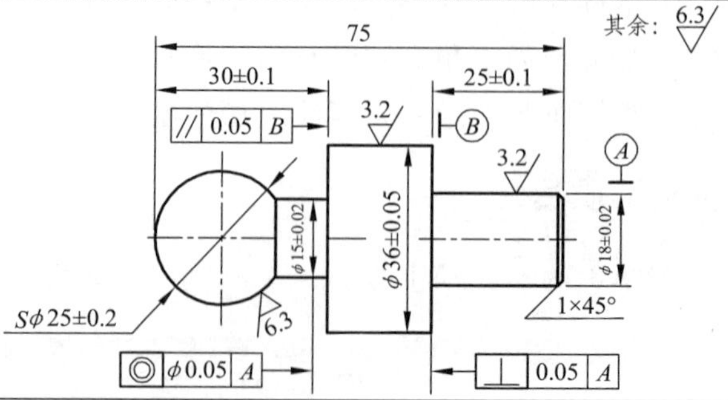

续表

步骤	内容	工艺简图
2	（1）用三爪自定心卡盘夹持外圆ϕ18，注意轴肩应与卡盘侧面贴紧； （2）用外圆车刀平端面，控制长度 28	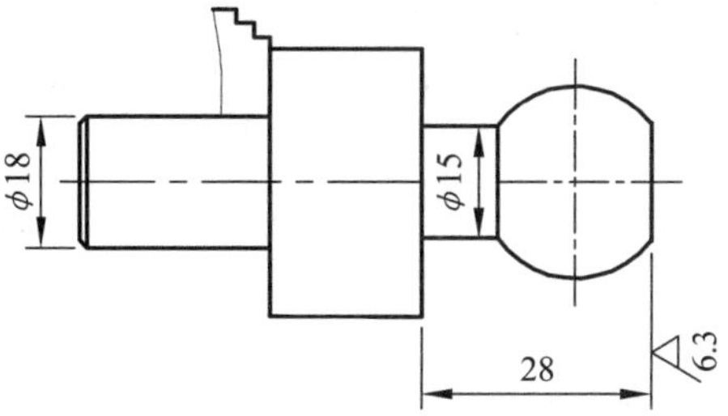
3	（1）用外圆车刀粗、精车ϕ13 外圆至尺寸； （2）倒角 1×45°	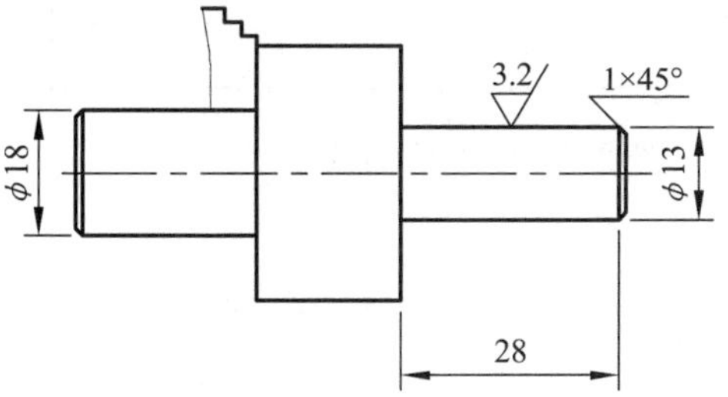
4	（1）调头夹持外圆ϕ13，注意轴肩应与卡盘侧面贴紧； （2）用外圆车刀粗、精车外圆至ϕ15.8（注：车外螺纹时外圆直径要比螺纹公称直径小 0.2 左右）； （3）倒角 1×45°	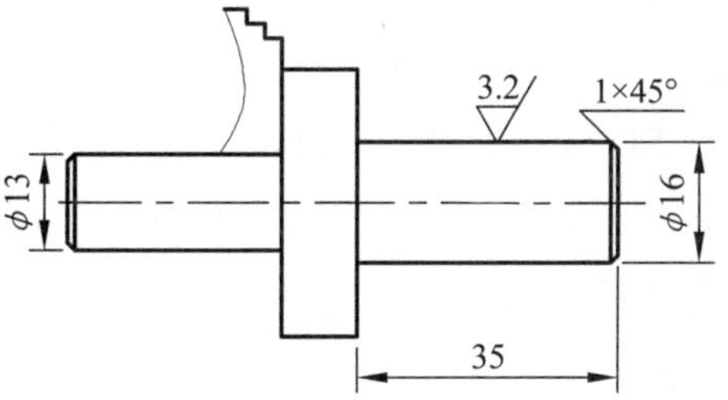
5	用切断刀切槽至ϕ12，长 15	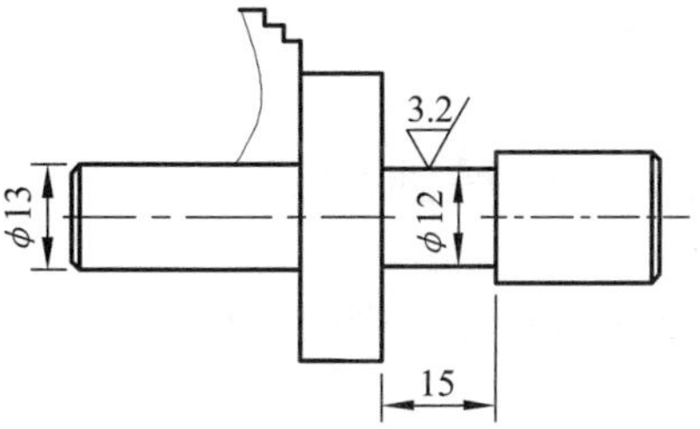
6	用三角外螺纹车刀车螺纹 M16×2 至尺寸	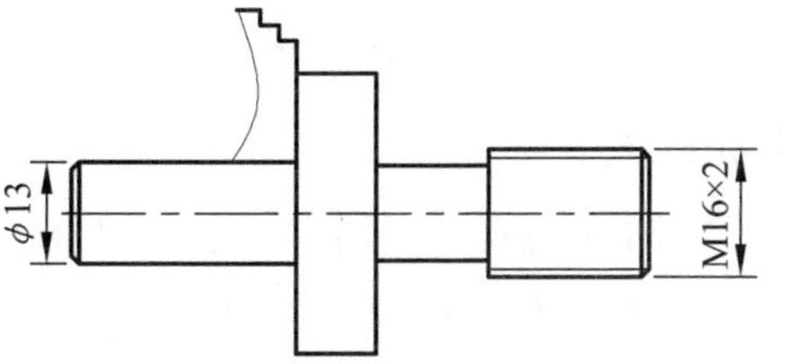

续表

步骤	内容	工艺简图
7	检测	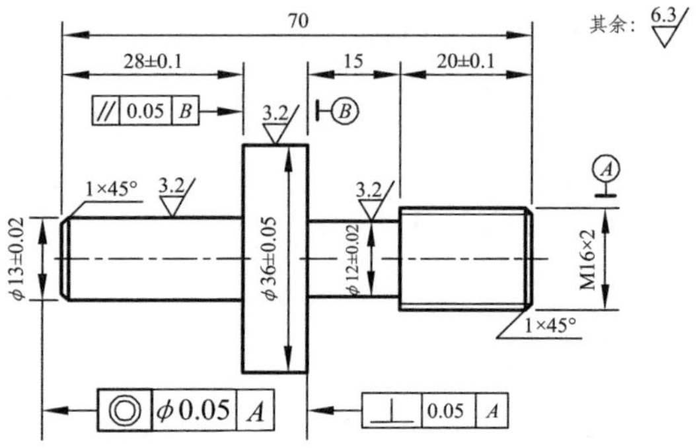

（5）任务评价（详见附表 3-20）。

操作提示：

• 螺纹车刀的刀尖要对准工件中心或略高于工件中心，若车刀装得太高，车削时会引起振动，使工件产生鱼鳞斑现象；若车刀装得低，刀头会与工件发生摩擦，车刀切不进去。

• 车螺纹前，应该对车床的各操作机构（开合螺母等）进行检查，以防止操作失灵产生事故。初学者车削螺纹时应采用低速车削，并做好空行程练习。

• 因工件材料受车刀挤压而胀大，故车削螺纹外圆时应比基本尺寸小 0.2 ~ 0.4 mm。

• 使用提闸法车削螺纹时，开合螺母应啮合到位，如感到未啮合好应立即提起开合螺母，重新进行。

• 工件旋转时，不可用手触摸工件表面，更不可用棉纱去擦，以免发生事故。

• 车削过程中，必须集中注意力，及时准确地退刀和进刀。

【知识链接】

2.1　螺纹的基础知识

在各种机械零件中，螺纹零件应用非常广泛。用车床加工螺纹是目前较常用的加工方法之一。

2.1.1　螺纹的概念和分类

1. 螺纹的概念

在圆柱或圆锥表面上，沿着螺旋线所形成的具有规定牙型的连续凸起的沟槽称为螺纹。螺旋线的形成原理，如图 6-8 所示。直角三角形 ABC 围绕圆柱 d_2 旋转一周，斜

边 AC 在圆柱表面上所形成的曲线，就是螺旋线。

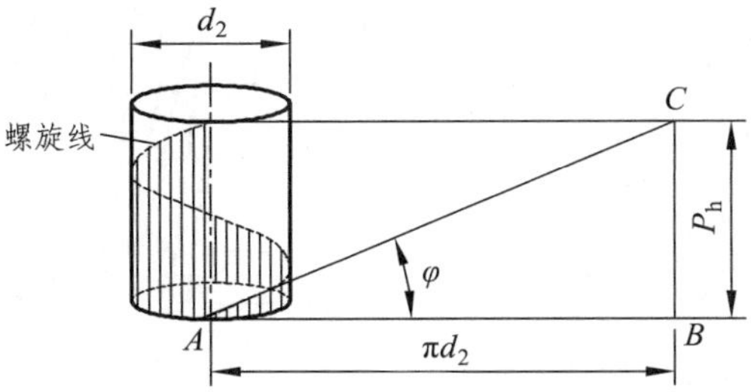

图 6-8　螺旋线的形成原理

2. **螺纹的分类**

螺纹按母体的形状可分为圆柱螺纹和圆锥螺纹；按用途不同可分为连接螺纹和传动螺纹，如图 6-9 所示；按螺旋线的旋转方向分为左旋和右旋；按螺旋线的线数可分为单线和多线；按制式可分为标准螺纹和特殊螺纹。

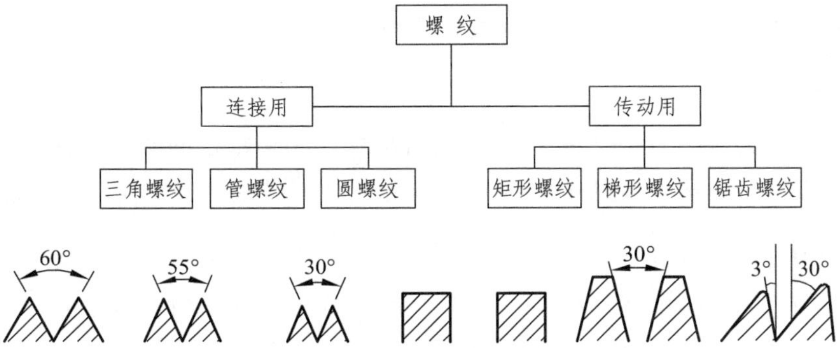

图 6-9　螺纹按用途和牙型分类

其中，标准螺纹包括三角螺纹、梯形螺纹、管螺纹和锯齿形螺纹。三角螺纹又分米制和英制三角螺纹，米制三角螺纹包括普通细牙螺纹和普通粗牙螺纹；管螺纹又分圆柱管螺纹、55°圆锥管螺纹、60°圆锥管螺纹；特殊螺纹包括方牙（矩形）螺纹、蜗杆（模数螺纹）和圆形螺纹。

2.1.2　螺纹的各部分名称和代号

以普通螺纹为例介绍螺纹的各部分名称和代号，如图 6-10 所示。

1. **螺纹牙型**

螺纹牙型指通过螺纹轴向剖面上沟槽与凸起的轮廓形状。

2. **牙型角 α**

牙型角 α 指在螺纹牙型上相邻两牙侧间的夹角。

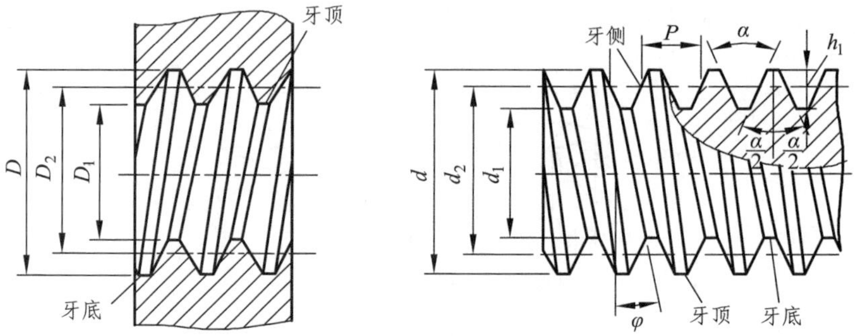

图 6-10　三角螺纹各部分名称

3. **螺距** P

螺距 P 指相邻两牙在中线上相对应点间的轴向距离。

4. **导程** P_h

导程 P_h 指在同一条螺旋线上相邻两牙在中线上对应点间的轴向距离。单线螺纹 $P_h=P$；多线螺纹导程等于螺纹线数 n 乘以螺距 P，即 $P_h=nP$。

5. **螺纹大径**（d，D）

螺纹大径（d，D）指与外螺纹牙顶或内螺纹牙底相重合的假想圆柱的直径。外螺纹大径用 d 表示，内螺纹大径用 D 表示。国标规定，螺纹大径的基本称为公称直径。

6. **螺纹中径**（d_2，D_2）

螺纹中径（d_2，D_2）指母线通过牙型上沟槽与凸起宽度相等地方的一个假想圆柱体的直径。同规格的外螺纹中径和内螺纹中径相等，即 $d_2=D_2$。

7. **螺纹小径**（d_1，D_1）

螺纹小径（d_1，D_1）指与外螺纹牙底或内螺纹牙顶相重合的假想圆柱的直径。外螺纹和内螺纹的小径分别用 d_1 和 D_1 表示。

8. **原始三角形**高度（H）

原始三角形高度（H）指原始三角形顶点沿垂直于螺纹轴线方向到其底边的距离。

9. **牙型高度**（h_1）

牙型高度（h_1）指在螺纹牙型上，牙顶到牙底之间垂直于螺纹轴线的距离。

10. **螺纹升角**（φ）

螺纹升角（φ）指在中径圆柱上，螺旋线的切线与垂直于螺纹轴线的平面的夹角。

2.1.3　螺纹尺寸的计算

三角螺纹因其规格及用途不同，分普通螺纹、英制螺纹和管制螺纹（包括 55°密封管螺纹、55°非密封管螺纹和 60°圆锥管螺纹）三种。梯形螺纹是常用的传动螺纹，其承载能力较大，具有良好的自锁性，在千斤顶、机床的丝杠等机构中应用较为广泛。

1. 普通螺纹的尺寸计算

普通三角螺纹是我国应用最广泛的一种螺纹，牙型角为 60°。其各部分名称如图 6-5 所示。常用计算公式如下：

（1）螺纹的公称直径是大径的基本尺寸（D 或 d）。

（2）原始三角形高度（H），计算公式为

$$H=(\sqrt{3}/2)P=0.866P$$

（3）中径（d_2，D_2），计算公式为

$$d_2=D_2=d-0.649\,5P$$

（4）削平高度。

外螺纹牙顶和内螺纹牙底均在 $H/8$ 处削平。外螺纹牙底和内螺纹牙顶均在 $H/4$ 处削平。

（5）牙型高度（h_1），计算公式为

$$h_1=(5/8)H=0.541\,3P$$

（6）外螺纹小径（d_1）

$$d_1=d-1.082\,5P$$

（7）内螺纹小径（D_1）。

内螺纹小径的基本尺寸与外螺纹小径相同（$D_1=d_1$）。

（8）螺纹接触高度（h）。

螺纹接触高度与牙形高度的基本尺寸 h_1 相同（$h=h_1$）。

2. 英制螺纹的计算方法

英制螺纹的牙型为三角形，牙型角为 55°。英制螺纹螺距是每英寸（in）长度中的牙数 n 表示，即

$$P=\frac{1}{n}(\text{in})$$

英制与米制之间的换算关系：1 in=25.4 mm。

英制螺距与米制螺距之间的换算公式为

$$P=\frac{1}{n}(\text{in})=\frac{25.4}{n}\ (\text{mm})$$

英制螺纹各基本要素的尺寸可以通过查《机械设计手册》取得。

3. 管螺纹的计算方法

管螺纹是在管子上加工的特殊的细牙螺纹，其使用范围仅次于普通螺纹，牙型角分 55°和 60°两种。

4. 梯形螺纹的计算方法

梯形螺纹分米制和英制两种，国内常用的为米制梯形螺纹。其计算见本项目任务 4。

2.1.4 螺纹标记

1. 普通螺纹的标记方法

普通螺纹特征代号用字母“M”表示。单线螺纹的尺寸代号用“公称直径×螺距”，如 M24×1.5。对粗牙螺纹，可以省略标注其螺距项，如 M24。

多线螺纹的尺寸代号为“公称直径×P_h 导程（P 螺距）”，如果要进一步表示螺纹的线数，可以在后面增加括号使用英语进行说明。例如，双线螺纹为 two starts；三线为 three starts。

螺纹的旋合长度有长旋合长度 L，中等旋合长度 N 和短旋合长度 S，中等旋合长度不标记。螺纹公差带代号中前者为中径的公差带代号，后者为顶径的公差带代号，两者相同只标记一个。

对左旋螺纹，应在旋合长度代号之后标注“LH”代号。旋合长度代号与旋向代号间用“-”号分开。右旋螺纹不标注旋向代号，如 M24×1.5LH 表示公称直径为 24 mm，螺距为 1.5 mm 的左旋细牙普通螺纹；M6×0.75-5h6h-S-LH 表示公称直径为 6 mm，螺距为 0.75 mm，中径和顶径的公差带代号分别为 5h 和 6h，短旋合长度的左旋细牙普通螺纹。

2. 梯形螺纹和矩形螺纹的标记方法

梯形螺纹的特征代号用字母“Tr”表示。矩形螺纹直接用文字“矩形”表示。标记方法参考普通螺纹标记方法。

2.2 普通三角螺纹的车削

在机械制造中，三角螺纹应用很广泛，常用于连接、紧固；在工具和仪器中主要用于调节、测量。加工三角螺纹的基本要求是：螺纹轴向剖面牙型角必须正确，两侧面表面粗糙度值要小；中径尺寸符合精度要求；螺纹与工件轴线保持同轴。

2.2.1 螺纹车刀的装夹

（1）装夹螺纹车刀时，刀尖位置应对准工件中心。

（2）车刀刀尖角的对称中心线必须与工件轴线保持垂直，装刀时可用螺纹角度样板来对刀，如图 6-11（a）所示。如果把车刀装歪，就会使牙型歪斜，如图 6-11（b）所示。

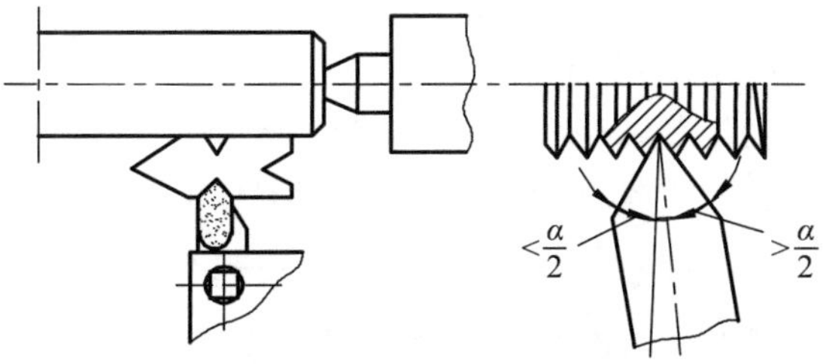

（a）用样板校正　　　　（b）车刀装歪斜

图 6-11　外螺纹车刀的安装

（3）刀头伸出长度不宜过长，否则会降低车刀的刚性。一般伸出 20 ~ 25 mm（约为刀柄厚度的 1.5 倍）。

2.2.2　车螺纹时车床的调整

（1）车削常用螺距或导程的螺纹时，可根据所车螺距或导程在进给箱的铭牌表上找到相应的挡位参数，然后把各手柄拨到所需要的位置。

（2）调整中、小拖板镶条时，应松紧合适。如调整太紧，摇动拖板费力，操作不灵活；太松，车螺纹时容易产生扎刀现象。顺时针方向旋转小拖板手柄，可以消除小拖板丝杠与螺母的间隙。

（3）检查开合螺母与丝杠是否啮合到位，以防车削时产生乱牙现象。

（4）加工某些特殊螺纹时，机床进给箱的铭牌表上找不到相应的挡位参数，此时可通过传动比的计算来重新调整挂轮箱中的交换齿轮即可。

2.2.3　车削普通三角螺纹的方法

1. 切削用量的选择

车削三角螺纹时，切削速度应根据工件材料、螺距大小及加工性质等因素来决定。一般低速车削时，最好使用锋钢刀，粗车切削速度 v_c=30 ~ 40 m/min，精车切削速度 v_c=5 ~ 10 m/min；高速切削时，使用硬质合金车刀，切削速度 v_c=50 ~ 100 m/min。

2. 试切螺纹、检查工件螺距

车螺纹前，有退刀槽要求的工件，先根据工件尺寸要求切出退刀槽。无退刀槽要求的应根据螺纹长度要求，用螺纹车刀车出一条刻线作为螺纹终止退刀，标记如图 6-12 所示。

把螺纹车刀摇至工件端头外圆处，对刀后摇动床鞍使车刀退至工件端面外合适位置，记住中拖板刻度。

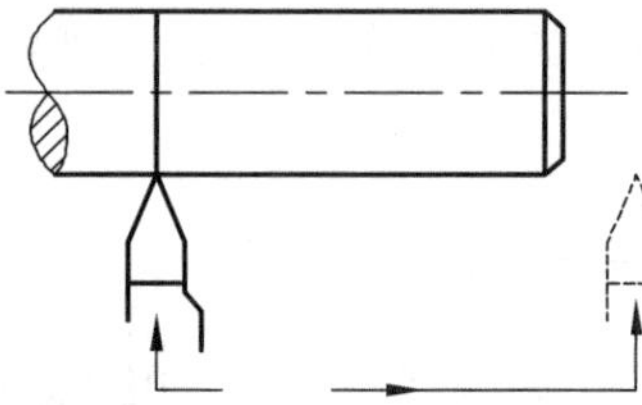

图 6-12　螺纹终止退刀标记

调整主轴转速，中拖板进给 1 小格，按下开合螺母手柄，注意使开合螺母与丝杠啮合到位。开机使车刀在工件表面车出一条浅螺旋线，到螺纹终止线或退刀槽内退刀，并提起开合螺母或开倒车使螺纹车刀退至起点处停车。

用钢直尺、游标卡尺或螺距规检查螺距是否正确，如图 6-13 所示。检查时应多测几个螺距，一般细牙螺纹量 10 个螺距长度，若螺距大可测 4 ~ 5 个螺距的长度。螺距没有问题的话，按需要采用合适的进刀方法继续进行切削，完成螺纹的加工。

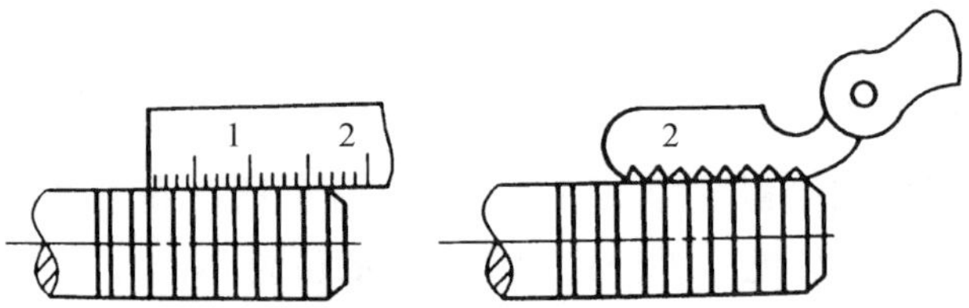

（a）用钢直尺检测　　（b）用螺距规检测

图 6-13　检查螺距

车螺纹时，其总切削深度 a_p 与螺距的关系是 $a_p=0.65\ P$。中拖板转过的格数 n 可表示为 $n=0.65P/$中拖板每格毫米数。

3. 低速车削外三角螺纹的方法

低速车削外三角螺纹

（1）直进法。

车螺纹时，只用中拖板作横向进给，螺纹车刀刀尖及左右两侧刀刃都参与切削，如图 6-14（d）所示。在几次行程后，把螺纹车到所需要的尺寸和表面粗糙度值，这种方法叫直进法，如图 6-14（a）所示，适用于加工螺距小于 2 mm 的钢件和脆胜材料的螺纹。该方法操作简单，得到的牙型精度较高，但由于所有的刀刃同时工作，排屑困难，刀尖容易磨损。

（2）左右切削法。

如图 6-14（b）车螺纹时除中拖板横向进给外，同时用小拖板将车刀向左或向右作纵向微量进动，进行单面车削，如图 6-14（e）所示，经过几次行程后把螺纹车至图样要求的方法叫左右切削法。采用左右切削法车削螺纹时，牙型两侧的切削余量要合理分配。注意在精车时，车刀左右进给量一定要小，否则容易造成牙底过宽或不平。

（3）斜进法。

车削螺纹时除中拖板作横向进给外，小拖板只向一个方向作微量进给的方法叫斜进法，如图 6-14（c）所示。此法只用于粗车螺距较大的螺纹，在精车时则应用左右切削法，才能使螺纹的两侧面都获得较小的表面粗糙度值。

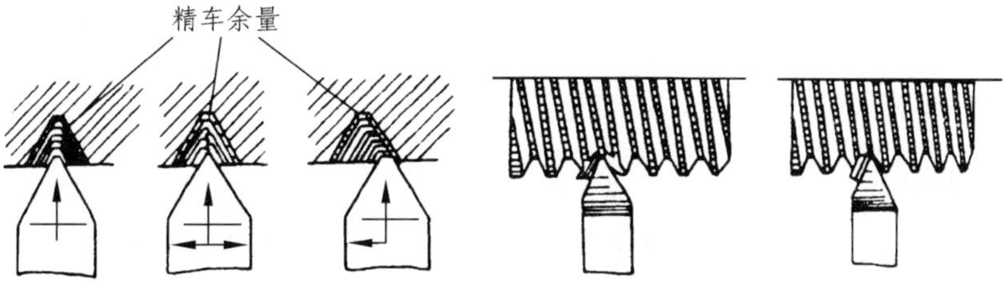

（a）直进法（b）左右切削法（c）斜进法 （d）双面切削 （e）单面切削

图 6-14　低速车削三角螺纹的进刀方法

4. 高速车削三角螺纹的方法

高速车削三角螺纹应使用硬质合金螺纹车刀，采取较高的切削速度（一般取 50 ~ 100 m/min）。高速车削时只能用直进法进给，使切屑垂直于轴线方向排出或卷成球状较好。高速车削三角螺纹的螺距一般在 1.5 ~ 3 mm，材料为中碳钢或中碳合金钢时，一般只需进给 3 ~ 5 次即可完成。径向进给时，开始深度大些，以后逐步减少，但最后一次不应小于 0.1 mm。高速车削三角螺纹时的进给次数见表 6-5。

表 6-5　高速车削三角螺纹的进给次数

螺距 P/mm		1.5 ~ 2	3	4	5	6
进给次数	粗车	2 ~ 3	3 ~ 4	4 ~ 5	5 ~ 6	6 ~ 7
	精车	1	2	2	2	2

5. 车削左旋螺纹的方法

加工左旋螺纹时，车刀是从主轴箱向尾座方向进给。在刃磨左螺纹车刀时，其角度与右螺纹车刀相同，只是右侧刀刃后角（进给方向）应稍大于左侧切削刃后角，大螺距应加上螺旋升角。车削左螺纹时应变换丝杠进给方向，车刀应在退刀槽处进行横向进给，向尾座方向进行车削。

2.2.4　防止乱牙的方法

车螺纹时都要经过几次进给才能完成，在第二次按下开合螺母进给时，刀尖偏离前一次进给车出的螺旋槽叫乱牙。

（1）常用预防乱牙的方法是开倒顺车，即在第一次行程结束时，不提起开合螺母，把刀沿径向退出后，将主轴反转，使车刀沿纵向退回到工件端面外，然后中拖板进给，开顺车走第二刀。这样反复，直到把螺纹车好为止。

（2）在车削过程中如需磨刀或换刀必须重新对刀以防产生乱牙。

中途对刀的方法是：重新按要求装夹车刀后，车刀不切入工件，按下开合螺母，开车使车刀移动到工件表面处，停车（卡盘不准有反转现象）。摇动中、小拖板使车刀刀尖与螺旋槽部分基本吻合，然后再开机观察刀尖是否在螺旋槽内，直至对准后再开始车削。

2.2.5　螺纹的测量

1. 单项测量

（1）螺距的测量。螺距常用钢直尺、游标卡尺和螺距规进行测量。

（2）大径、小径的测量。外螺纹的大径和内螺纹的小径公差都比较大，一般用游标卡尺和千分尺测量。

（3）中径的测量。用螺纹千分尺测量。螺纹千分尺的刻线原理和读数方法与千分尺相同。测量时把与螺纹牙型角相同的上下两个测量头正好卡在螺纹的牙侧上，进行测量所得到的读数即为螺纹中径的实际尺寸，如图 6-15 所示。

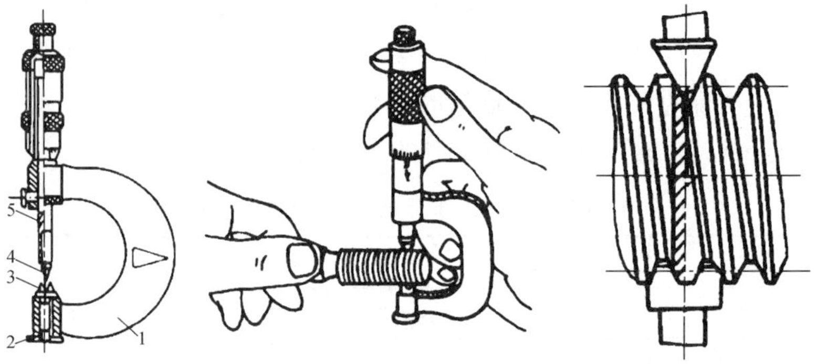

（a）螺纹千分尺　　（b）测量方法　　（c）测量原理

1—尺架；2—砧座；3—下测量头；4—上测量头；5—测微螺杆。

图 6-15　三角螺纹中径的测量

2. 综合测量

综合测量是用螺纹量规对螺纹各主要参数进行综合性测量。螺纹量规包括螺纹塞规和螺纹环规，如图 6-16 所示。它们都有通规和止规之分。用螺纹环规对三角外螺纹进行检查时，如果通规能旋入而止规不能旋入，则说明螺纹精度合格。如在测量时发现通规难以旋入，应对螺纹的直径、牙型、螺距和表面粗糙度进行检查，不可强行旋入。有退刀槽的螺纹，检查时环规应通过退刀槽和台阶平面靠平。

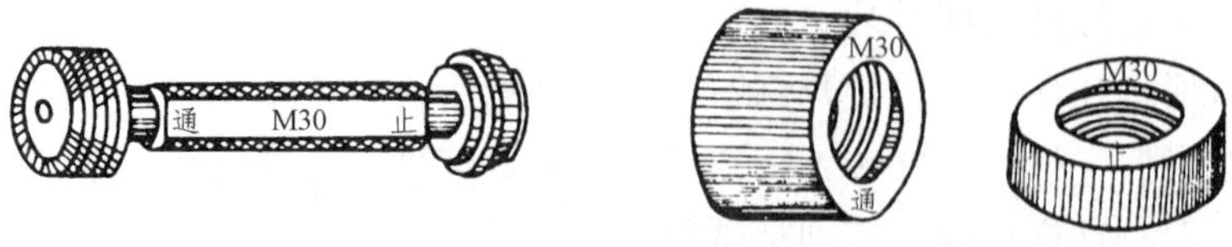

（a）螺纹塞规　　（b）螺纹环规

图 6-16　螺纹量规

【知识拓展】

2.3　车削普通三角内螺纹

车削普通三角内螺纹

车削三角内螺纹的方法和车削三角外螺纹的方法基本相同，只是进刀、退刀方向正好相反。车内螺纹时（尤其直径较小的螺纹）由于刀柄细长、刚性差、切屑不易排出，切屑液不易注入及不便于观察等原因，因此比车削外三角螺纹困难得多。内螺纹工件形状常见有三种，即通孔、不通孔和台阶孔，如图 6-17 所示。

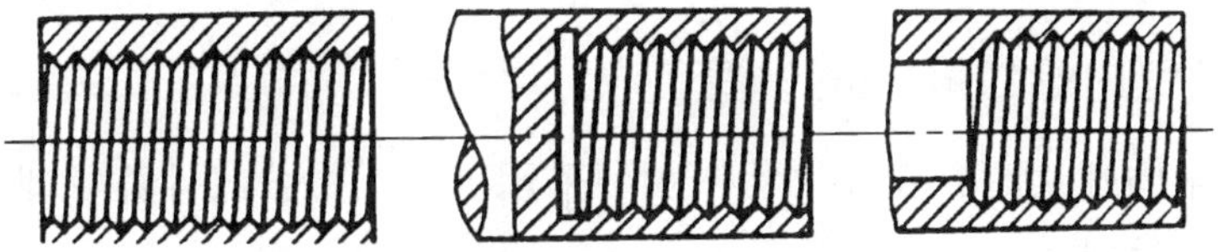

（a）通孔内螺纹　（b）不通孔内螺纹　（c）台阶孔内螺纹

图 6-17　内螺纹工件形状

2.3.1　内螺纹车刀的选择和装夹

车内槽

1. 内螺纹车刀的选择

内螺纹车刀是根据它的车削方法和工件材料及形状来选择的。低速车削用高速钢车刀，高速车削用硬质合金车刀。车削通孔内螺纹选用通孔内螺纹车刀，如图 6-18（a）、（b）所示，车削台阶孔或不通孔内螺纹用不通孔内螺纹车刀，如图 6-18（c）、（d）所示。一般内螺纹车刀的刀头径向长度应比孔径小，根据孔径、螺距留出退刀量，否则退刀时刀柄会碰伤牙顶，甚至不能车削。刀柄的大小在保证排屑的前提下，要粗壮些。

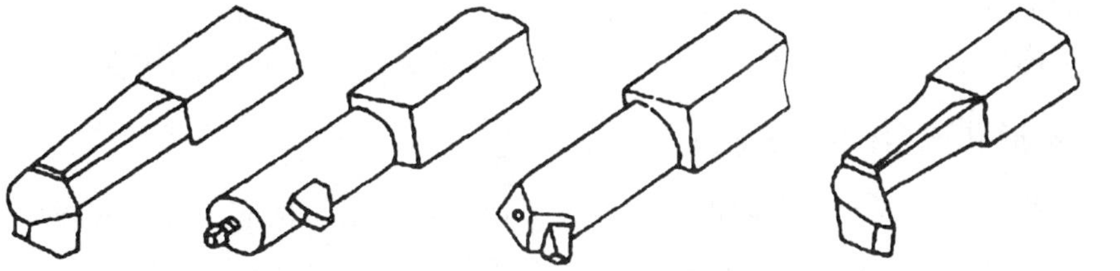

（a）通孔内螺纹车刀　（b）通孔内螺纹车刀　（c）不通孔、台阶孔内螺纹车刀　（d）不通孔、台阶孔内螺纹车刀

图 6-18　内螺纹车刀

2. 内螺纹车刀的装夹

在装刀时，刀尖应对准工件中心或略高于工件中心，刀柄伸出长度应长于螺纹加工长度 10 ~ 20 mm，并严格按样板找正刀尖角，如图 6-19（a）所示。刀装好后还应摇

动床鞍，使车刀在孔内纵向移动至螺纹终点，检查刀柄是否有退刀余量以防退刀时与内孔相碰或不能车削，如图 6-19（b）所示。

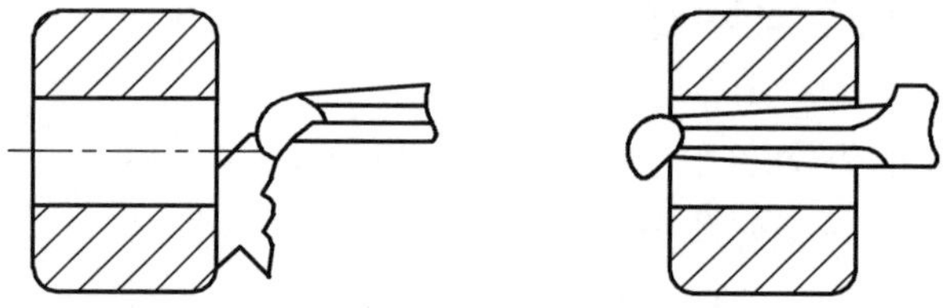

（a）用样板校正车刀　　（b）检查刀柄的行程

图 6-19　内螺纹车刀的安装

2.3.2　三角内螺纹孔径的计算

在车削三角内螺纹时，孔径尺寸一般可采用下列近似公式计算，即：

车削塑性金属时 $D_{孔} \approx d-P$

车削脆性金属时 $D_{孔} \approx d-1.05P$

式中　$D_{孔}$——车削内螺纹前的孔径，mm；

d——螺纹公称直径，mm；

P——螺距，mm。

2.3.3　三角内螺纹的加工方法

1. 车通孔内螺纹

（1）车削通孔内螺纹的方法和车削三角外螺纹的方法基本相同，车内螺纹时的进刀和退刀方向与车外螺纹时相反。

（2）加工螺距小于 1.5 mm 的钢件或铸铁螺纹时采用直进法；螺距大于 2 mm 时采用左右切削法。

（3）车内螺纹时，因目测困难，可用小拖板刻度盘控制尺寸采用左右切削法车削。

2. 车不通孔或台阶孔内螺纹

（1）车削不通孔或台阶孔内螺纹时应先车退刀槽，退刀槽应与台阶或底孔平面切平。

（2）选择如图 6-18（c）、（d）所示的不通孔、台阶孔内螺纹车刀进行车削。车削前，应根据螺纹长度加上 1/2 槽宽在刀柄上做好记号，作为退刀、开合螺母起闸之用。要选择较慢的转数，以防车刀与台阶或底孔平面相撞。

（3）车削时，中拖板手柄的退刀和开合螺母起闸（或开倒车）的动作要迅速、准确、协调，保证刀尖到槽中退刀。

切削用量和切削液选择与车三角外螺纹相同。

2.3.4 容易产生的问题和注意事项

（1）车刀刀尖要对准工件中心或略高于工件中心，如车刀装得太高，车削时会引起振动，使工件产生鱼鳞斑现象，如车刀装得低，刀头下部会与工件发生摩擦，车刀切不进去。

（2）内螺纹车刀刀柄不能选择得太细，否则由于切削力的作用引起振颤和变形，出现“扎刀”及产生振纹等现象。

（3）车刀安装后，检查刀柄是否有退刀余量，以防退刀时碰坏已加工的螺纹。

（4）精车螺纹时，车刀要锋利，否则容易产生“让刀”或“扎刀”现象。

（5）加工不通孔或台阶孔内螺纹时应在刀柄上作记号，也可用床鞍刻度盘的刻度控制退刀。

（6）用螺纹塞规检查时，过端应全部拧进，感觉松紧适当。

（7）工件旋转时，不可用手触摸工件表面，更不可用棉纱去擦，以免发生事故。

【思考与练习】

（1）完成图 6-20 所示零件的加工。要求：确定切削参数，编制加工步骤并绘制工艺简图（毛坯：直径ϕ40，材料为 45[#]钢）。

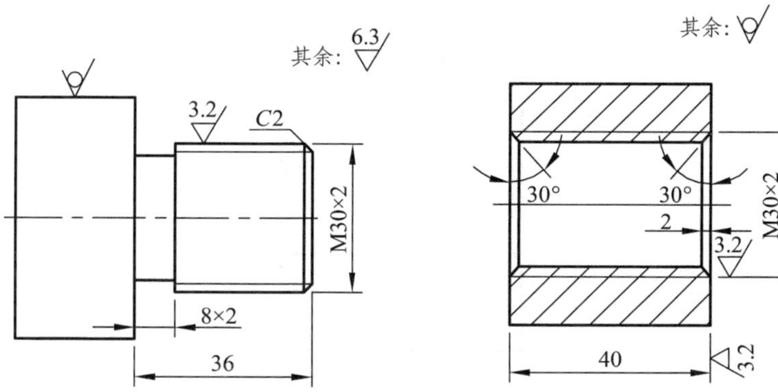

图 6-20　螺纹组合件

（2）完成上面零件的单项和综合检测。

任务 3　套牙和攻丝

【任务描述】

通过本任务的学习与训练，掌握在车床上用板牙和丝锥加工螺纹的方法。

能力目标

（1）会用板牙套制螺纹；

（2）会用丝锥攻丝。

知识目标

（1）认识板牙、丝锥的结构及特点；

（2）掌握板牙和丝锥的使用方法；

（3）掌握板牙和丝锥加工螺纹的工艺要求。

素质目标

培养学生的实践动手能力，养成文明生产安全操作的良好职业素质。

套牙和攻丝

【任务实施】

（1）完成如图 6-21 所示零件的加工。

（2）设备、毛坯及材料：C6140、ϕ35×32、45$^{\#}$钢。

（3）选用工量具，见表 6-6。

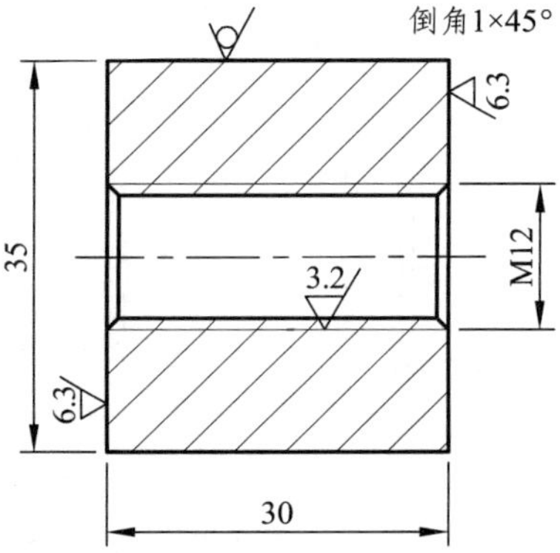

图 6-21　攻丝

表 6-6　选用工量具

序号	名称	规格	数量	备注
1	外圆刀	自选	1	
2	中心钻	自选	1	
3	钻头	ϕ10.25	1	带钻夹头
4	丝锥	M12	1	
5	游标卡尺	自选	1	

（4）加工步骤及内容，见表 6-7。

表 6-7　加工步骤及内容

步骤	内容	工艺简图
1	检查毛坯尺寸，确定装夹方法及加工余量	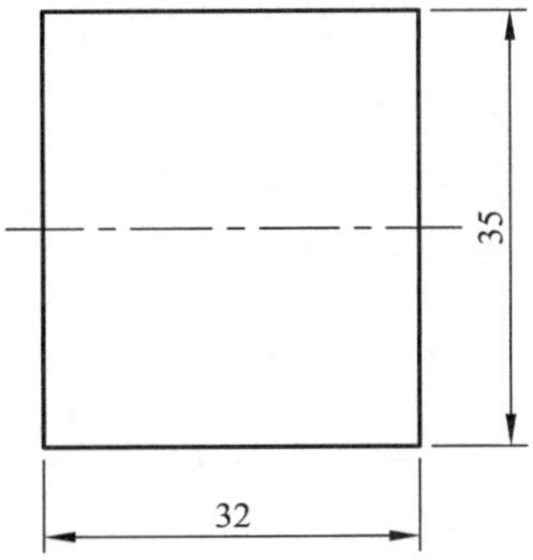
2	（1）夹住工件外圆伸出长度不小于15，找正、夹紧； （2）用外圆车刀车平端面，保证表面粗糙度 *R*a6.3 μm	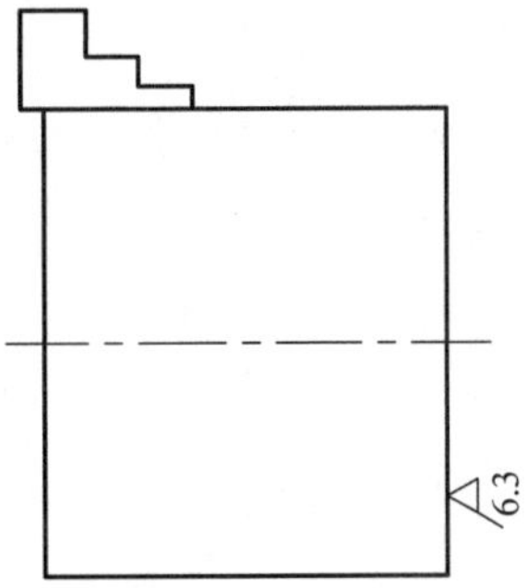
3	用中心钻钻中心孔。 注：端面不得有小凸台，主轴转速不能过低以防折断（取 800 r/min）	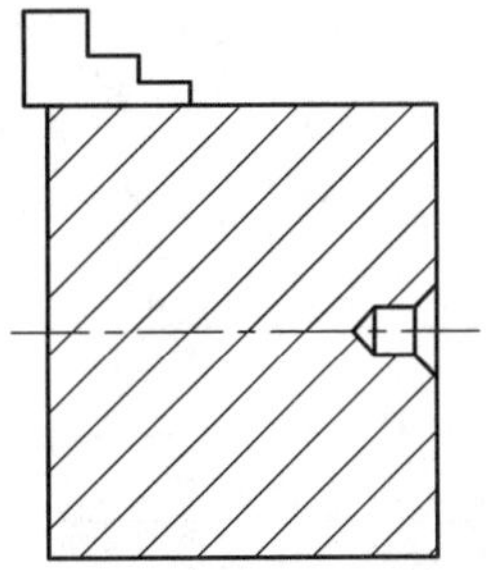
4	装夹 ϕ10.25 麻花钻，将钻夹头锥柄装入车床尾座套筒锥孔中	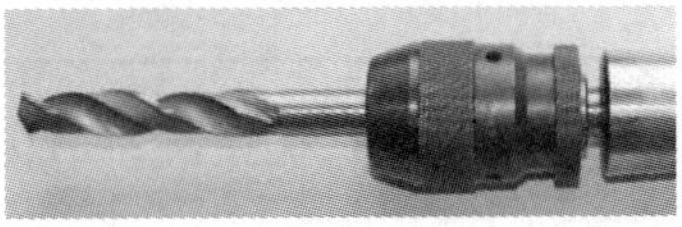
5	（1）钻 ϕ10.25 通孔，并打开切削液； 注：钻孔时切削用力应均匀，进给应匀速。 （2）孔口倒角 1×45°	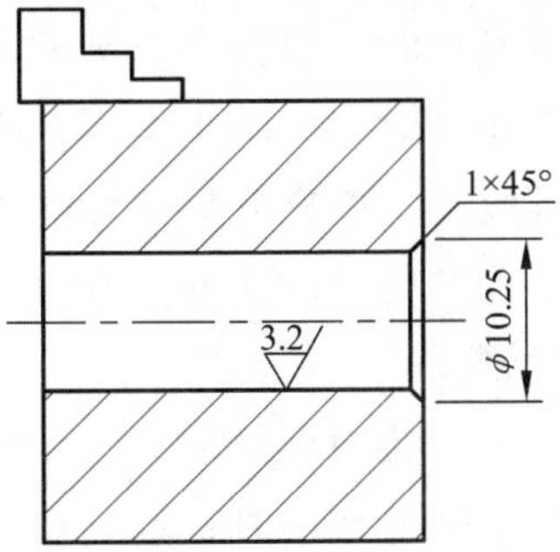

续表

步骤	内容	工艺简图
6	用 M12 丝锥攻螺纹。 注：先用头锥粗攻再换二锥精攻，攻丝时应加切削油	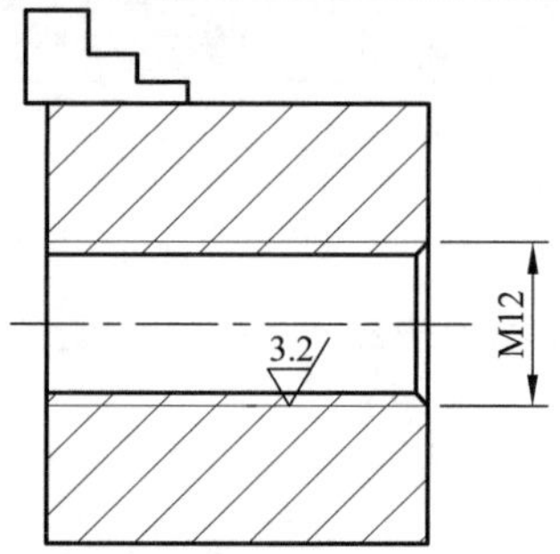
7	（1）调头夹住ϕ35 外圆平端面，控制总长 30； （2）孔口倒角 1×45°	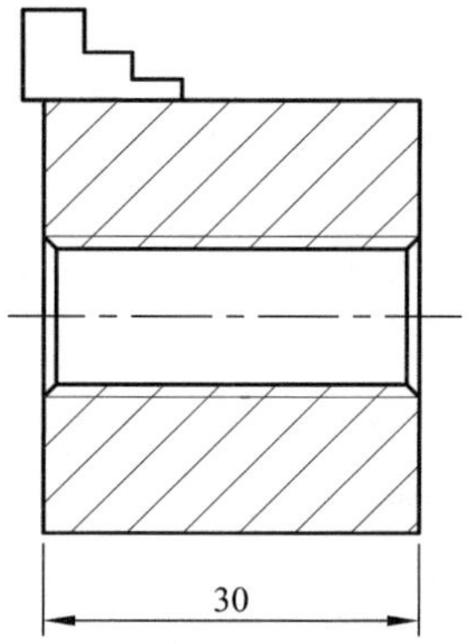
8	检测	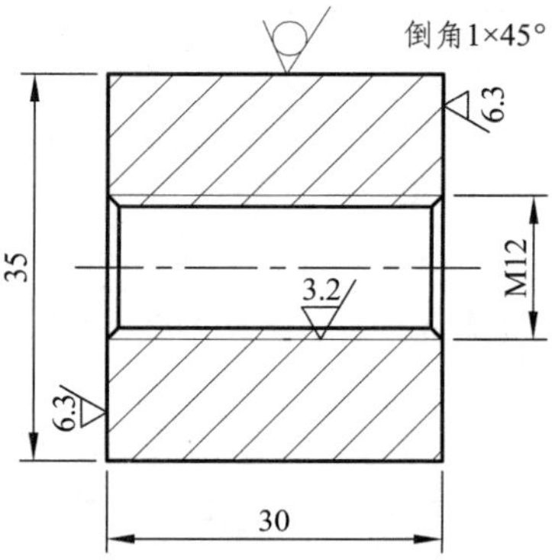

（5）任务评价（详见附表 3-21）。

操作提示：

• 选用丝锥时，要检查丝锥的牙齿是否有损坏。

• 装夹丝锥时，应防止歪斜，必要时用顶尖校正。

• 攻螺纹时，应充分加注切削油。

• 攻不通孔螺纹时，必须在攻螺纹工具（或尾座套筒）上标记好螺纹长度尺寸，以防折断丝锥。

• 用一套丝锥攻螺纹时，一定要按顺序使用，在换下一个丝锥前，必须清除孔中切屑，在攻不通孔螺纹时，这一点尤其要注意。

【知识链接】

3.1 在车床上套螺纹

一般直径不大于 M16 或螺距小于 2 mm 的螺纹可用板牙直接加工出来。

3.1.1 板牙的结构

板牙大多用高速钢制成，它是一种标准的成形、多刃螺纹加工刀具，其结构形状如图 6-22 所示。其两端的锥角是切削部分，因此正反都可使用，中间有完整的齿深为校正部分。

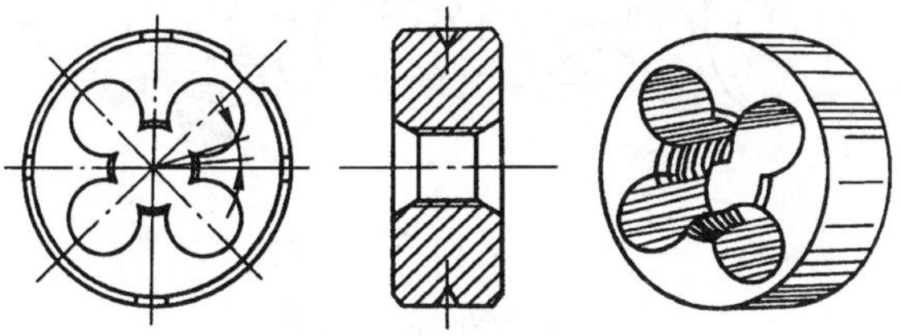

图 6-22　板牙

3.1.2 用板牙套螺纹的方法

1. 套螺纹时外圆直径的确定

套螺纹时，工件外圆比螺纹的公称尺寸略小（根据工件螺距大小决定）。套螺纹时螺纹外圆直径可用下列近似公式计算，即

$$d_0 = d - (0.13 \sim 0.15)P$$

式中　d_0——圆柱直径，mm；

d——螺纹大径，mm；

P——螺距，mm。

2. 套螺纹的工艺要求

（1）用板牙套螺纹，通常适用于公称直径小于 16 mm，螺距小于 2 mm 的外螺纹。直径大于 M16 的螺纹可粗车螺纹后再套。

（2）外圆车至尺寸后，平面倒角要小于或等于 45°，使板牙容易切入。

（3）套螺纹前必须找正尾座，使之与车床主轴轴线重合，水平方向的偏移量不得大于 0.05 mm。

（4）板牙装入套螺纹工具时，必须使板牙平面与主轴轴线垂直。

3. 用套螺纹工具套螺纹

在车床上用套螺纹工具套螺纹，如图 6-23 所示。

（1）先将套螺纹工具体 1 的锥柄部装在尾座套筒锥孔内。

（2）板牙 4 装入滑动套筒 2 内，待螺钉 3 对准板牙上的锥坑后拧紧。

（3）将尾座移到接近工件一定距离后（约 20 mm）固定。

（4）转动尾座手轮，使板牙靠近工件端面，然后开动车床和冷却泵加注切削液。

（5）转动尾座手轮使板牙切入工件，当板牙已切入工件就不再转动手轮，仅由滑动套筒 2 在工具体 1 的导向键槽中随着板牙沿着工件轴线向前套制螺纹。

（6）当板牙进入到所需要的位置时开反车使主轴反转，套筒退出切入距离以便退出板牙。销钉 5 用来防止滑动套筒在切削时转动。

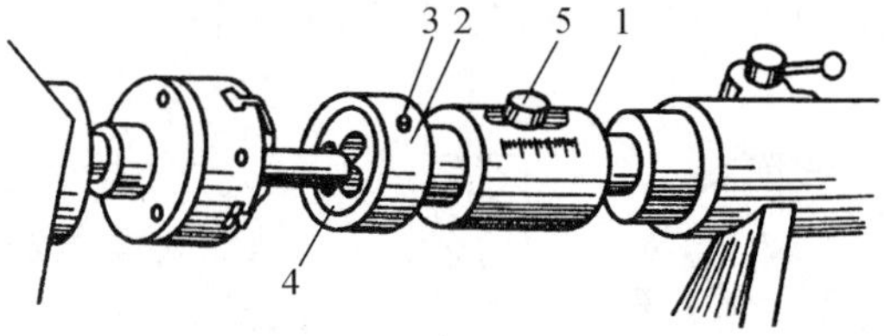

1—工具体；2—滑动套筒；3—螺钉；4—板牙；5—销钉。

图 6-23　在车床上套螺纹

4. 切削用量的选择

钢件 3 ~ 4 m/min；铸件 2 ~ 3 m/min；黄铜 6 ~ 9 m/min。

5. 切削液的选择

切削钢件时一般用硫化切削油、全损耗系统用油或乳化液；切削低碳钢或 40Cr 钢等黏性材料可用工业植物油；切削铸铁可加煤油或不加切削液。

3.1.3　容易产生的问题和注意事项

（1）检查板牙的齿形是否损坏。

（2）装板牙不能歪斜。

（3）塑性材料套螺纹时应充分加切削液。

（4）套螺纹的工件直径应偏小些，否则容易产生坏牙。

（5）套 M12 以上的螺纹时应把工件夹紧，套螺纹工具在尾座里装紧，以防套螺纹时切削力大引起工件移位，或套螺纹工具在尾座内打转。

3.2　车床上攻螺纹

3.2.1　丝锥的种类

丝锥用高速钢制成，是一种成形、多刃切削刀具，直径或螺距较小的内螺纹可用丝锥直接攻出来。丝锥分为手用丝锥和机用丝锥两种，如图 6-24 所示。

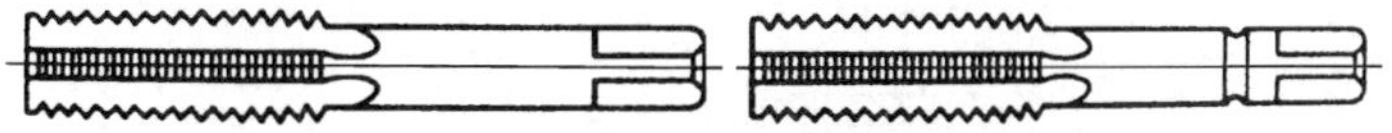

（a）手用丝锥　　（b）机用丝锥

图 6-24　丝锥

1. 手用丝锥

通常有两只或三只组成一套，俗称头锥、二锥、三锥。在攻螺纹时应依次使用，可根据在切削部分磨去齿的不同数量来区别；如头锥磨去 5 ~ 7 牙，二锥磨去 3 ~ 5 牙，三锥差不多没有磨去。手用丝锥主要是钳工攻螺纹时使用。

2. 机用丝锥

一般在车床上攻螺纹时使用，机用丝锥可一次攻制成形，它与手用丝锥相似，只是在柄部多一条环形槽，用以防止丝锥从夹头中脱落。

3.2.2　攻螺纹前的工艺要求

1. 攻螺纹前孔径的确定

攻螺纹时的孔径必须比螺纹小径稍大一点，这样能减小切削抗力和避免丝锥断裂。普通螺纹攻螺纹前的底孔直径与三角内螺纹底孔直径的计算方法相同。

2. 攻制不通孔螺纹的钻孔深度计算

攻不通孔时，由于切削刃部分不能攻制出完整的螺纹，所以钻孔深度要大于规定的孔深。通常钻孔深度约等于螺纹的有效长度加上螺纹公称直径的 0.7 倍。

3. 孔口倒角

在孔口倒角直径应大于螺纹大径。

3.2.3　攻螺纹的方法

在车床上攻螺纹，先找正尾座轴线与主轴轴线重合。小于 M16 的内螺纹，钻孔、倒角后直接用丝锥攻制成形。如攻螺距较大的三角内螺纹，可钻、镗孔后先用内螺纹车刀粗车螺纹，再用丝锥攻螺纹。

如图 6-25 所示，简易攻螺纹工具，由于没有防止切削抗力过大的保险装置，所以容易使丝锥折断，适用于通孔及精度较低的内螺纹攻制。如图 6-26 所示，摩擦杆攻螺纹工具，适用于不通孔螺纹攻制。在攻螺纹过程中，当切削力矩超过所调整的摩擦力矩时，摩擦杆则打滑，丝锥随工件一起转动，不再切削，因而能有效地防止丝锥的折断。

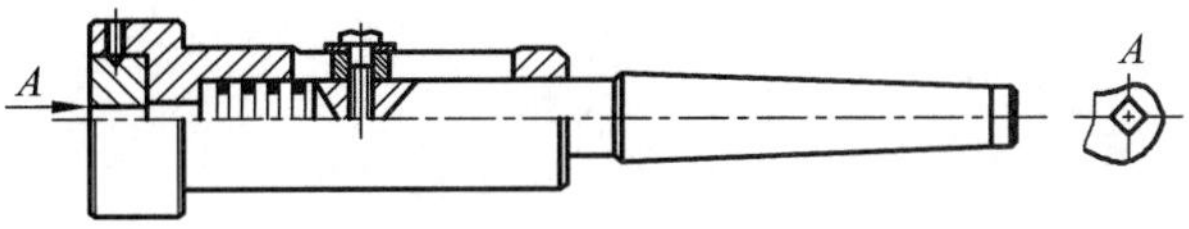

图 6-25　简易攻螺纹工具

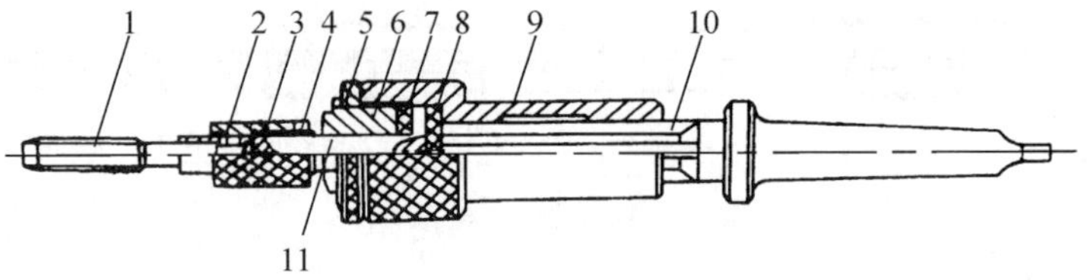

1—丝锥；2—钢球；3—内锥套；4—销紧螺母；5—并紧螺母；6—调节螺栓；
7、8—尼龙垫片；9—花键套；10—花键心轴；11—摩擦杆。

图 6-26　摩擦杆攻螺纹工具

使用攻螺纹工具时，先将工具锥柄装入尾座锥孔中，再将丝锥装入攻螺纹夹具中，然后移动尾座至工件近处固定。攻螺纹时，应充分浇注切削液，缓慢的摇动尾座套筒手轮，使丝锥切削部分进入工件孔内，当丝锥已切入几牙后，停止摇动手轮，让攻螺纹工具随丝锥进给，当攻至所需要的尺寸后（一般螺纹深度控制可在攻螺纹工具上作标记），迅速开倒车退出丝锥并同时把套筒退出，以便退出丝锥。

3.2.4　攻螺纹时切削速度的选择

钢件和塑性较大的材料：2 ~ 4 mm/min；铸件和塑性较小的材料：4 ~ 6 m/min。

3.2.5　切削液的选择

攻制钢件螺纹时，一般用硫化切削液、全损耗系统用油和乳化液；攻制低碳钢或 40Cr 钢等韧性较大的材料可选择工业植物油；切削铸件可以用煤油或不加切削液。

3.2.6　丝锥折断的原因

（1）攻螺纹的底孔直径太小，造成丝锥切削阻力过大。
（2）丝锥轴线与工件孔径轴线不同轴，造成切削阻力不均匀，单边受力过大。
（3）工件材料硬而粘，且没有良好润滑。
（4）在不通孔中攻螺纹时，丝锥碰到孔底面造成丝锥折断。
（5）切削用量不合理。

【思考与练习】

（1）在车床上攻丝和套牙适用于什么情况？
（2）简述攻丝和套牙的方法及注意事项。

任务 4 车削梯形螺纹

【任务描述】

通过本任务的学习与训练，掌握车削梯形螺纹的相关知识和技能。

能力目标

（1）能正确装夹梯形螺纹刀；
（2）能车削梯形螺纹；
（3）能对加工的螺纹进行检测。

梯形螺纹的车削

知识目标

（1）掌握梯形螺纹的相关计算；
（2）掌握梯形螺纹车刀的装夹要点；
（3）掌握梯形螺纹的车削和检测方法；
（4）掌握梯形螺纹车削时切削用量的选择。

素质目标

培养学生的实践动手能力，观察分析问题的能力及拓展能力。

【任务实施】

（1）完成如图 6-27 所示零件的加工。
（2）设备、毛坯及材料：C6140、ϕ35×104、45$^{\#}$钢。
（3）选用工量具、刀具，见表 6-8。
（4）加工步骤及内容，见表 6-9。
（5）任务评价（详见附表 3-22）。

操作提示：

• 车螺纹前要检查好各手柄位置，调好转速，防止出错。

• 车削时要集中注意力，防止中拖板手柄多进而导致安全事故的发生。

• 车削时要观察活顶尖是否与工件同步旋转，及时调整，避免损坏顶尖。

• 中途换刀或需重新对刀时，开顺车使车刀进到螺纹表面上，停车，再利用中、小拖板对刀，让车刀位于槽中央，重新对好刻度后再车。

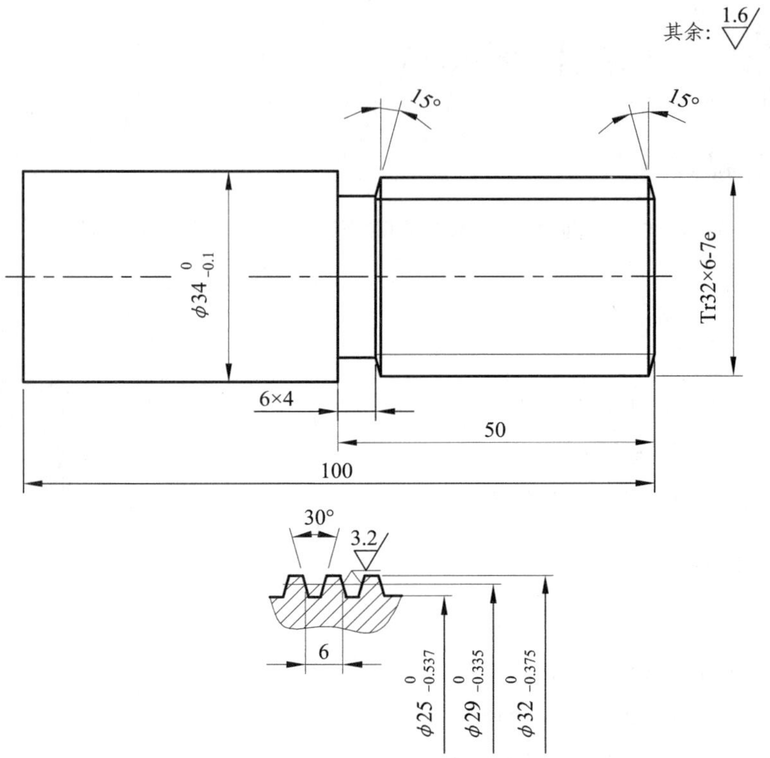

图 6-27　梯形螺纹

表 6-8　选用工量具

序号	名称	规格	数量	备注
1	游标卡尺、外径千分尺、三针、百分表、公法线千分尺	自选	各 1	
2	硬质合金 45°、90°车刀、切断刀、切槽刀、外梯形螺纹刀、中心钻	自选	各 1	

表 6-9　加工步骤及内容

步骤	内容	工艺简图
1	检查毛坯尺寸，确定工件装夹方法及加工余量	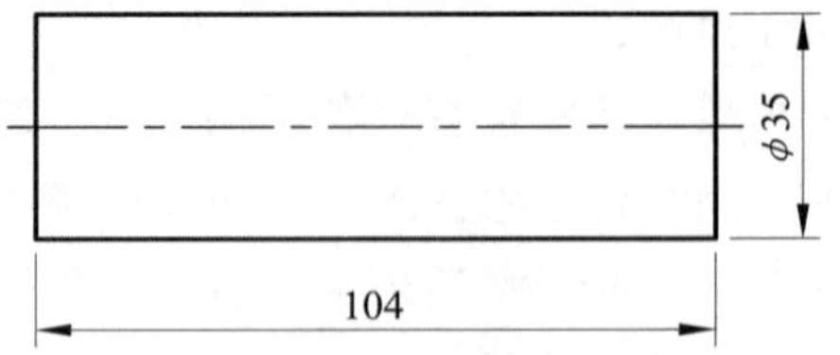

续表

步骤	内容	工艺简图
2	用三爪卡盘夹住毛坯外圆，伸出长度为 60 左右	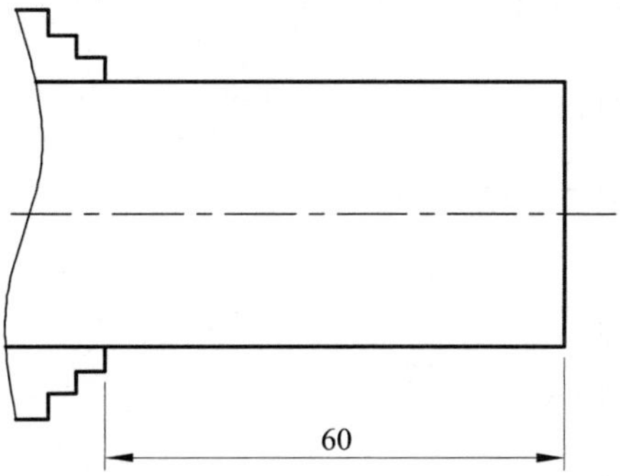
3	（1）用外圆车刀车平端面； （2）粗、精车ϕ34 外圆至尺寸	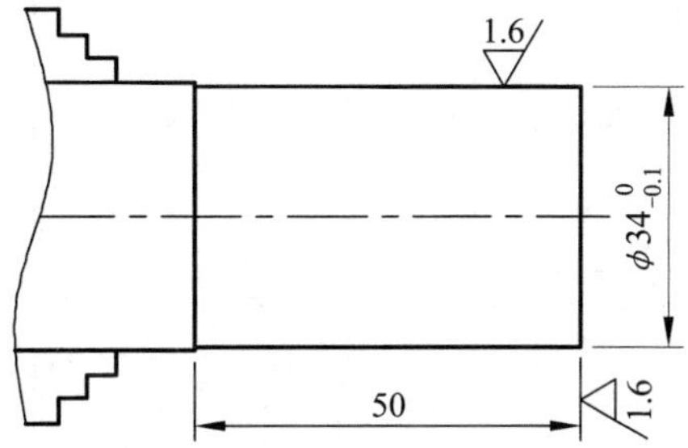
4	（1）调头装夹、找正夹紧； （2）用外圆车刀车平端面，控制总长尺寸； （3）钻中心孔	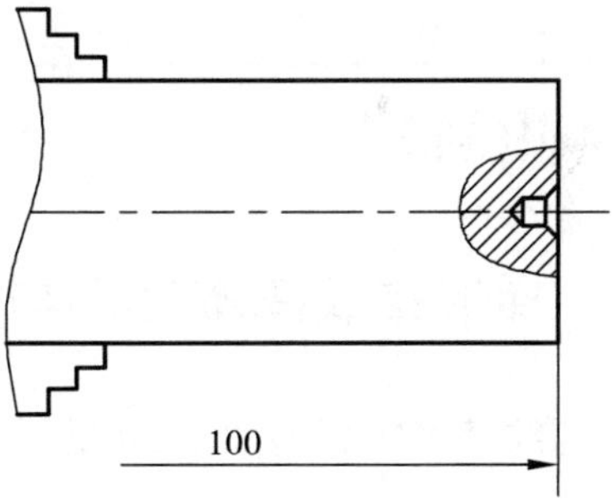
5	（1）一夹一顶装夹； （2）用外圆车刀粗、精车螺纹ϕ32 外圆至尺寸； （3）车槽 6×4 至尺寸； （4）倒角 15°	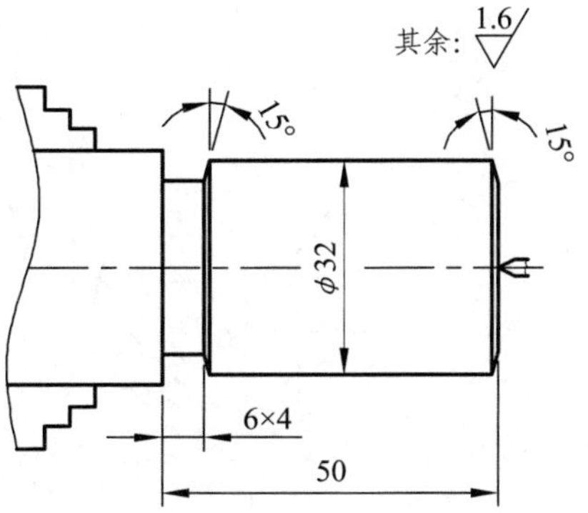

续表

步骤	内容	工艺简图
6	用梯形螺纹车刀粗、精车梯形螺纹 Tr32×6 至尺寸	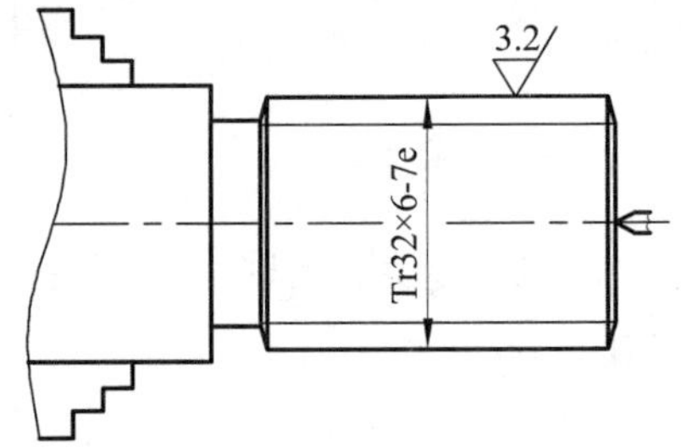
7	检测	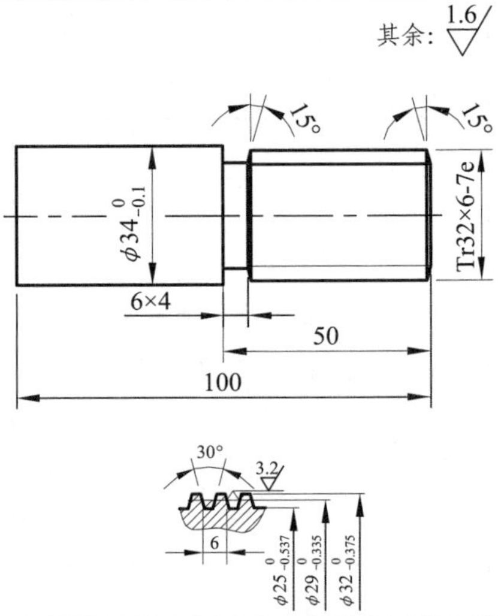

【知识链接】

4.1 梯形螺纹基本牙形与尺寸计算

梯形螺纹基本牙型如图 6-28 所示，尺寸的计算见表 6-10。

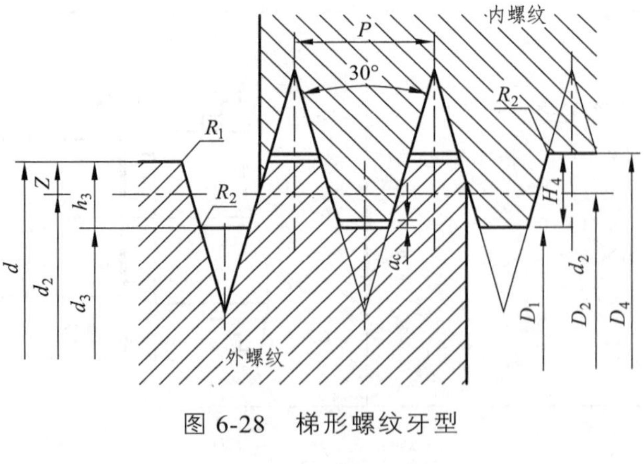

图 6-28 梯形螺纹牙型

表 6-10　梯形螺纹各部分名称、代号及计算公式　　单位：mm

<table>
<tr><th>名称</th><th>代号</th><th colspan="4">计算公式</th><th>名称</th><th>代号</th><th>计算公式</th></tr>
<tr><td>外螺纹大径（公称直径）</td><td>d</td><td colspan="4">由设计确定</td><td>外螺纹中径</td><td>d_2</td><td>$d_2=d-2Z=d-0.5P$</td></tr>
<tr><td>螺距</td><td>P</td><td colspan="4">由螺纹标准确定</td><td>内螺纹中径</td><td>D_2</td><td>$D_2=d-2Z=d-0.5P$</td></tr>
<tr><td rowspan="2">牙顶间隙</td><td rowspan="2">a_c</td><td>P</td><td>2～5</td><td>6～12</td><td>14～44</td><td>外螺纹小径</td><td>d_3</td><td>$d_3=d-2h_3$</td></tr>
<tr><td>a_c</td><td>0.25</td><td>0.5</td><td>1</td><td></td><td></td><td></td></tr>
<tr><td>基本牙形高度</td><td>H_1</td><td colspan="4">$H_1=0.5P$</td><td>内螺纹小径</td><td>D_1</td><td>$D_1=d-2H_1=d-P$</td></tr>
<tr><td>外螺纹牙高</td><td>h_3</td><td colspan="4">$h_3=H_1+a_c$</td><td>内螺纹大径</td><td>D_4</td><td>$D_4=d+2a_c$</td></tr>
<tr><td>内螺纹牙高</td><td>H_4</td><td colspan="4">$H_4=H_1+a_c$</td><td>外螺纹牙顶圆角</td><td>R_1</td><td>$R_{1max}=0.5a_c$</td></tr>
<tr><td>牙顶高</td><td>Z</td><td colspan="4">$Z=0.25P=H_1/2$</td><td></td><td></td><td></td></tr>
</table>

4.2　梯形螺纹车刀的选择和装夹

1. 车刀的选择

低速车削，通常选用高速钢车刀，如图 6-29 所示，其中 φ 是螺纹升角；高速车削时用硬质合金车刀，如图 6-30 所示。

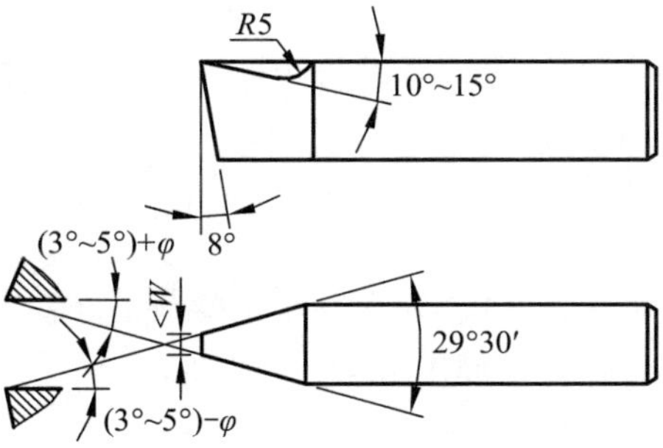

图 6-29　高速钢梯形螺纹车刀

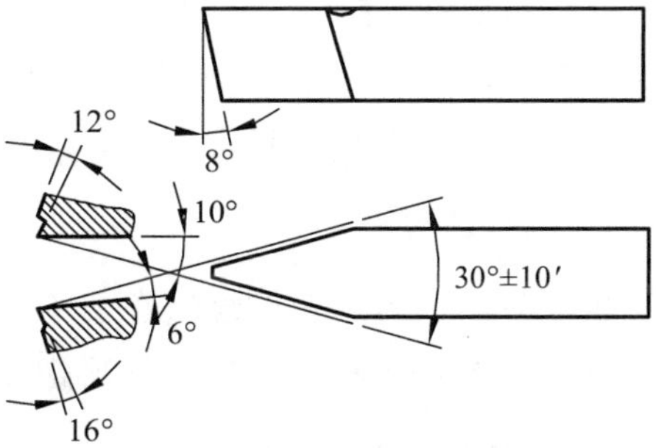

图 6-30　高速钢梯形螺纹车刀

2. 车刀装夹

螺纹车刀的刀尖应与工件轴线等高。切削刃夹角的平分线应垂直于工件轴线，装刀时用对刀样板校正，以免产生螺纹半角误差，如图 6-31 所示。

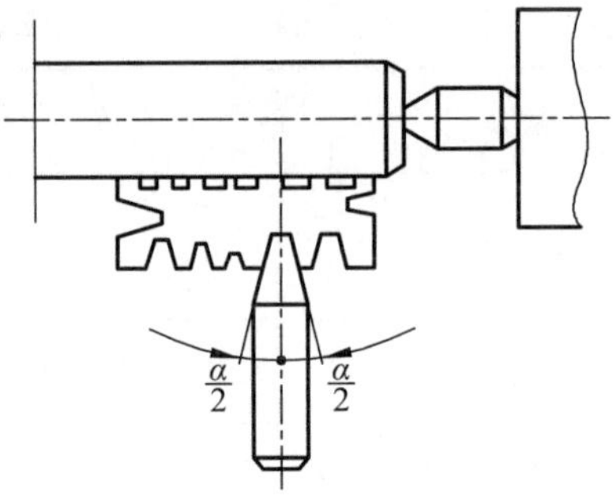

图 6-31　梯形螺纹车刀的装夹

4.3　工件装夹

车削梯形螺纹时，切削力较大，工件一般采用一夹一顶的装夹方式。此外，轴向采用限位支撑固定工件的轴向位置，以防车削中工件轴向窜动或移动造成乱牙撞坏车刀。

4.4　梯形螺纹的车削方法

4.4.1　低速切削法

1. 单刀车削法

螺距 $P<4$ mm 和精度要求不高的梯形螺纹，可用一把梯形螺纹车刀，选择较低的速度，并用少量的左右进给直接车削完成。

2. 左右切削法

粗车螺距 $P=4\sim8$ mm 的梯形螺纹，常用左右车削法，可以防止因三个切削刃同时参加切削而产生振动和扎刀现象，如图 6-32（a）所示。

3. 切直槽法

粗车时，可先用矩形螺纹车刀（刀头宽度应等于齿根槽宽），车出螺旋直槽，槽底直径应等于螺纹小径，然后用梯形螺纹车刀精车齿面，如图 6-32（b）所示。

4. 切阶梯槽法

粗车螺距 $P>8$ mm 的梯形螺纹时，可先用刀头宽度小于 $P/2$ 的矩形螺纹车刀，用车直槽法将螺纹车至螺纹的中径处，再用刀头宽度等于齿根槽宽的矩形螺纹车刀把槽车至螺纹的小径尺寸。然后用带卷屑槽的精车刀将齿面车削至图样要求，如图 6-32（c）所示。

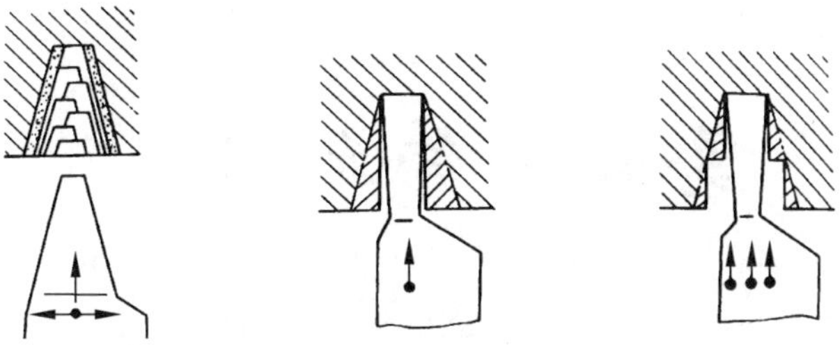

（a）左右切削法　　（b）切直槽法　　（c）切阶梯槽法

图 6-32　低速车梯形螺纹的方法

4.4.2　高速车削方法

切削梯形螺纹时，为防止切屑排出时擦伤螺纹齿面，不能使用左右切削法。在车削 $P<8$ mm 的梯形螺纹时，可用直进法车削，如图 6-33（a）所示。在车削 $P>8$ mm 的梯形螺纹时，为减少切削力和牙型变形，可分别用三把车刀依次车削，先用车刀把螺纹粗车成形，再用切槽刀将螺纹小径车至尺寸，最后用精车刀把螺纹车至规定要求，如图 6-33（b）所示。

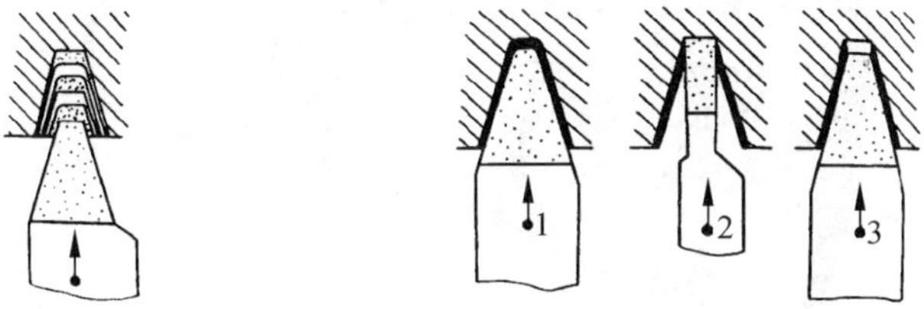

（a）用一把刀车削　　（b）用三把刀车削

图 6-33　高速车梯形螺纹的方法

4.5　车梯形螺纹的一般技术要求

（1）螺纹中径必须与基准轴颈同轴，其大径尺寸比基本尺寸一般小 0.1 ~ 0.3 mm。

（2）螺纹的牙型角要正确。

（3）车梯形螺纹必须保证中径尺寸公差。

（4）螺纹两侧面要光滑，表面粗糙度值要低。

【思考与练习】

（1）计算 Tr48×8 梯形螺纹基本尺寸。

（2）车梯形螺纹时，车刀的选择、安装应注意哪些问题？

（3）车梯形螺纹有哪几种方法？各适用于什么情况下？

项目 7 复合零件加工

【项目简述】

复合零件是指由台阶轴、锥体、孔、成形面、螺纹等组成的结构和形状比较复杂的综合体。本项目是综合技能训练，是对前面所学理论知识和操作技能的综合训练与检测。通过完成如图 7-1 所示复合零件的加工及拓展练习，掌握初、中级车工相应的知识及技能。

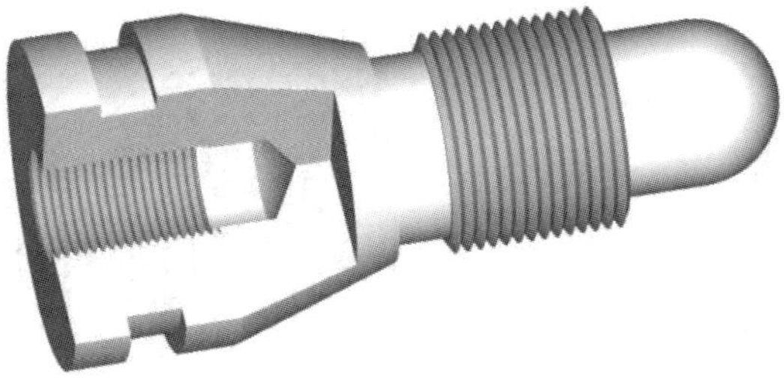

图 7-1 复合零件

能力目标

（1）能识读零件图，独立编制中等复杂零件的加工工艺；

（2）能独立加工和检测中等复杂零件；

（3）能合理选择量具、刀具和切削用量；

（4）能刃磨常用刀具。

知识目标

（1）掌握零件图的识读知识；

（2）掌握零件机械加工工艺的编制方法和步骤；

（3）了解零件典型表面的加工路线。

素质目标

（1）培养学生综合运用知识，独立分析问题和解决问题的能力；

（2）让学生养成安全、文明生产的良好习惯，培养良好职业道德；

（3）培养学生学以致用、服务社会的思想。

【任务实施】

（1）完成图 7-2 所示零件的加工。

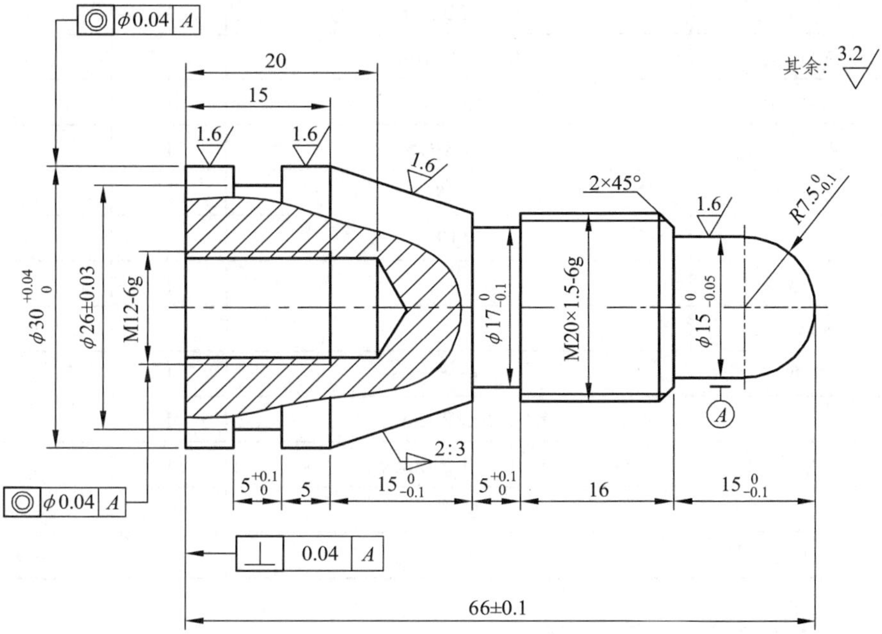

技术要求：锐棱倒钝0.5×45°

图 7-2　复合零件

（2）设备、毛坯及材料：C6140、ϕ35×90、45#钢。

（3）选用工量具，见表 7-1。

表 7-1　选用工量具

序号	名称	规格	数量	备注
1	90°外圆车刀	自选	1	
2	45°外圆车刀	自选	1	
3	圆弧刀	自选	1	
4	切断刀	自选	1	
5	螺纹刀	自选	1	
6	中心钻	自选	1	

续表

序号	名称	规格	数量	备注
7	钻头	ϕ10.3 mm	1	带钻夹头
8	磁座百分表	自选	1	
9	千分尺	25 ~ 50 mm	1	
10	游标深度尺	0 ~ 150 mm	1	
11	游标卡尺	0 ~ 150 mm	1	
12	钢直尺	300 mm	1	
13	游标深度尺	0 ~ 150 mm	1	
14	游标卡尺	0 ~ 150 mm	1	
15	钢直尺	300 mm	1	
16	螺纹环规	M20×1.5	1	
17	圆弧样板	*R*7.5	1	
18	丝锥	M12	1	
19	丝攻架		1	
20	活动顶尖		1	
21	万能角度尺	自选	1	
22	活扳手	8″（203.2 mm）	1	
23	一字旋具	8″（203.2 mm）	1	
24	油石	自选	1	磨刀用
25	铜皮		1	装夹用

（4）加工步骤及内容，见表 7-2。

表 7-2　加工步骤及内容

步骤	加工内容	工艺简图
1	（1）用三爪卡盘装夹工件（工件伸出卡盘 75 mm），找正、夹紧； （2）平端面	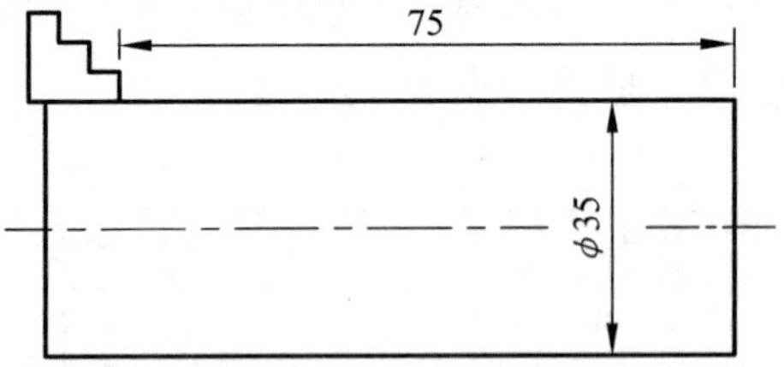
2	（1）粗、精车台阶轴至尺寸； （2）倒角； （3）切槽	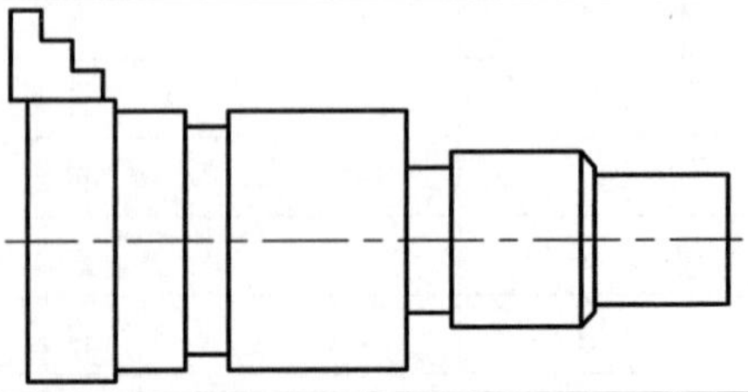

续表

步骤	加工内容	工艺简图
3	（1）粗、精车锥体至尺寸； （2）粗、精车球体至尺寸； （3）粗、精车螺纹至尺寸	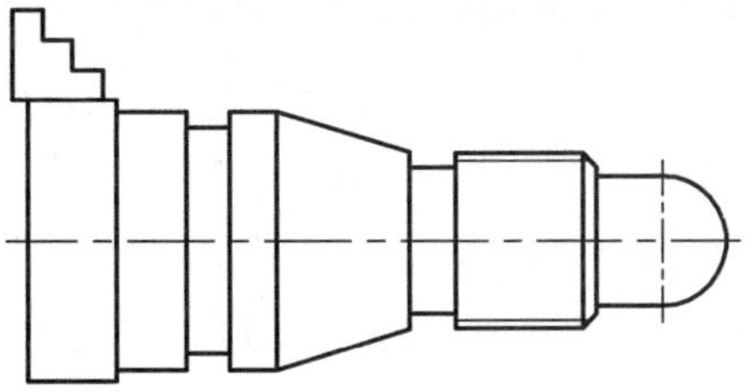
4	切断工件	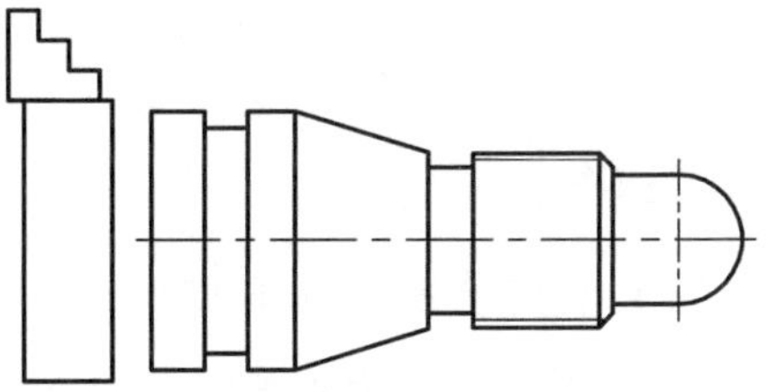
5	调头装夹、找正	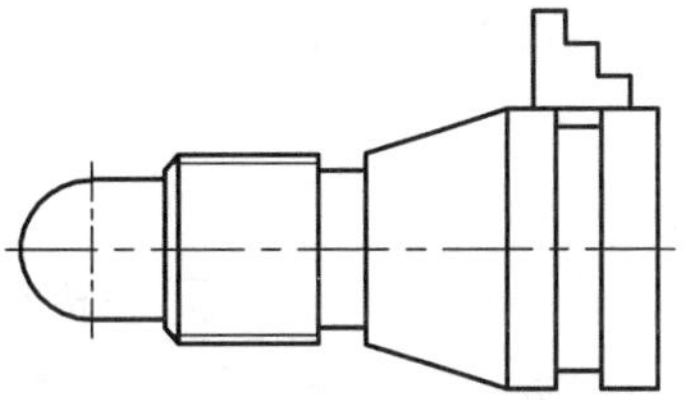
6	（1）平端面（控制工件总长至尺寸）； （2）钻中心孔； （3）钻孔； （4）手动攻螺纹	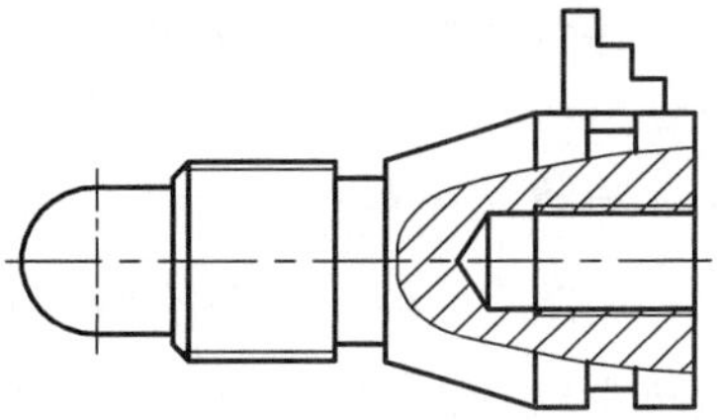
7	检测	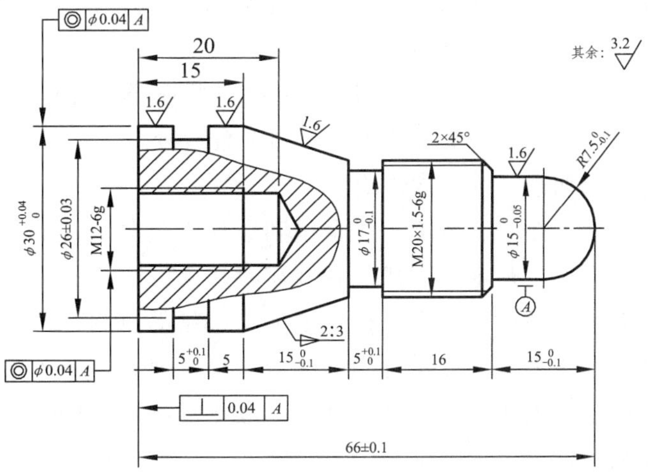

（5）任务评价（详见附表 3-23）。

操作提示：

• 先检查车床的运转情况，将操作物品合理摆放，审图并检查备料尺寸。

• 为保证同轴度和垂直度要求，可用百分表校正或工件一次装夹后，依次从右到左车削台阶轴、锥体、球体、倒角、螺纹、槽到尺寸要求，然后略大于工件总长 1 ~ 2 mm 切断，用铜皮包裹工件掉头二次装夹，平端面（控制工件总长），钻中心孔、钻孔、攻丝。

• 用丝锥加工 M12 ~ 6g 螺纹时，先用顶尖顶住丝锥手柄中心，慢慢进给（手动），待丝锥旋入以后，再加大进给量，但必须遵循“进一圈、退半圈”的操作原则，以免丝锥折断。

【知识链接】

1. 机械加工工艺过程的基本知识

改变毛坯的形状、尺寸和性能，使之成为成品或半成品的过程称为加工工艺过程。机械加工工艺过程由按顺序排列的工序组成，毛坯依次通过各道工序，逐步加工成合格零件。

（1）工序

工序指一个或一组工人，在同一机床或同一工作地，对一个或几个工件加工时所连续完成的那一部分工艺过程。如图 7-2 所示，复合零件的加工分为 7 道工序完成（见表 7-2）。划分工序的主要依据是看加工过程是否连续。

（2）安装和工位

安装：工件每经一次装夹，所完成的那一部分工艺过程。在一道工序中可以有一次或几次安装。如图 7-2 所示，复合零件的加工共经过两次装夹。

工位：为减少安装误差，常选一些可转位的夹具装夹工件，工件相对机床在每一个位置上完成的那一部分工艺过程称一个工位。一次安装中可以有一个或几个工位。

（3）工步与进给

工步：在加工表面和刀具不变的情况下，完成的那部分工艺过程。

进给：在一个工步中，若加工余量较大，不可能一次将余量切除，需分几次切削，每一次切削称为一次进给。

加工余量：分为工序余量和总加工余量。各工序中所切除的金属层厚度称为工序加工余量，从毛坯到成品总共需要切除的余量称为总加工余量，它等于相应表面各工序余量的总和。而在工件上留加工余量的目的，是为了切除上一道工序所留下的加工误差和表面缺陷（铸件表面的冷硬层、气孔、夹砂层，锻件及热处理表面的氧化皮、脱碳层、表面裂纹，切削加工后的内应力层和表面粗糙度等），提高工件的精度和降低表面粗糙度。

2. 零件机械加工工艺的制定

（1）制定零件机械加工工艺的意义

合理制定零件的加工工艺规程，具有十分重要的意义。首先，工艺规程是指导生产的重要技术文件，只有严格按照工艺规程进行生产，才能保证产品质量，提高劳动生产率，降低成本。另外，车间的生产组织和管理工作，车间的改建和扩建，都是以零件的加工工艺规程为依据的。因此，机械加工工艺规程设计是一项重要而又严肃的工作。它要求设计者必须具备丰富的生产实践经验和广博的机械制造工艺基础理论知识。

任何人在生产中都不可随意改变工艺规程中所规定的工艺流程及加工方法。随着生产技术的发展，零件的机械加工工艺也需要不断改进及完善。如需要改变原有的生产方法，则必须经过工艺试验及验证，并通过一定的审批手续，修改工艺规程后，才可在生产中实施。

（2）制定零件机械加工工艺的格式

通常机械加工工艺规程被填写成表格（卡片）的形式。将工序号、工序内容、所用机床工、夹、量具等内容填入规定的卡片中，就成为正式的工艺文件（图 7-1 所示的复合零件的车削加工工艺卡片见表 7-3）。一般而言，单件、小批生产的工艺卡片较为简单，大批、大量生产的工艺卡片较为详细。

表 7-3　复合零件车削加工工艺卡片

<table>
<tr><td colspan="3" rowspan="2">（工厂名）</td><td colspan="2" rowspan="2">机械加工工艺卡</td><td>产品名称</td><td colspan="2"></td><td>图号</td><td></td></tr>
<tr><td>零件名称</td><td colspan="2">复合零件</td><td>共 1 页</td><td>第 1 页</td></tr>
<tr><td colspan="3">毛坯种类</td><td>棒料</td><td>材料牌号</td><td>45#钢</td><td colspan="2">毛坯尺寸/mm</td><td colspan="2">$\phi35\times90$</td></tr>
<tr><td rowspan="2">序号</td><td rowspan="2">工种</td><td rowspan="2">工步</td><td colspan="3" rowspan="2">工序内容</td><td rowspan="2">设备</td><td colspan="3">工具</td></tr>
<tr><td>夹具</td><td>刀具</td><td>量具</td></tr>
<tr><td>1</td><td>车</td><td>1</td><td colspan="3">装夹工件，工件伸出卡盘 75 mm，找正夹紧</td><td>C6140</td><td>三爪卡盘</td><td></td><td>百分表</td></tr>
<tr><td rowspan="4">2</td><td rowspan="4">车</td><td>1</td><td colspan="3">平端面</td><td></td><td></td><td>45°外圆车刀</td><td></td></tr>
<tr><td>2</td><td colspan="3">粗、精车$\phi15$，$\phi19.8$，$\phi30$ 至尺寸</td><td></td><td></td><td>90°外圆车刀</td><td>游标卡尺
千分尺</td></tr>
<tr><td>3</td><td colspan="3">切槽$\phi17$，$\phi26$</td><td></td><td></td><td>切断刀</td><td>游标卡尺
千分尺</td></tr>
<tr><td>4</td><td colspan="3">倒角 2×45°，去毛刺</td><td></td><td></td><td>45°外圆车刀</td><td></td></tr>
<tr><td rowspan="4">3</td><td rowspan="4">车</td><td>1</td><td colspan="3">粗、精车锥体至尺寸</td><td></td><td></td><td>90°外圆车刀</td><td>万能角度尺</td></tr>
<tr><td>2</td><td colspan="3">粗、精车成形面 R7.5 至尺寸</td><td></td><td></td><td>90°外圆车刀</td><td>圆弧样板</td></tr>
<tr><td>3</td><td colspan="3">粗、精车螺纹 M20×1.5 至尺寸</td><td></td><td></td><td>螺纹刀</td><td>螺纹环规</td></tr>
<tr><td>4</td><td colspan="3">切断工件</td><td></td><td></td><td>切断刀</td><td></td></tr>
</table>

续表

序号	工种	工步	工序内容	设备	工具		
					夹具	刀具	量具
4	车	1	掉头装夹，找正		三爪卡盘		百分表
5	车	1	平端面，控制工件总长 66 mm			45°外圆车刀	游标卡尺
		2	钻中心孔			中心钻	
		3	钻孔ϕ10.3 mm			ϕ10.3 mm 钻头	游标深度尺
		4	手动攻螺纹 M12			M12 丝锥	
6		1	检测				
更改号				拟定		审核	

（3）制定零件机械加工工艺的要求及步骤

不同零件或同一零件由于其结构、尺寸大小、尺寸公差、表面粗糙度数值、批量及车间的机床设备和工艺装备等生产条件不同，工艺是不同的，因此，制定零件加工工艺时，一定要从实际出发，择优制定。合理的工艺方案必须满足下列要求：保证零件的全部技术要求，并要使生产率最高，加工成本最低，加工过程最安全。

制定零件机械加工工艺的步骤：

步骤 1　阅读装配图和零件图，了解产品的用途、性能和工作条件，熟悉零件在产品中的地位和作用。

步骤 2　审查图样上的尺寸、视图和技术要求是否完整、正确、统一，审查零件的结构工艺性。

步骤 3　熟悉或确定毛坯。常用毛坯的种类有：铸件、锻件、型材、冲压件等。

步骤 4　拟定机械加工工艺路线。其主要内容有：选择定位基准、确定加工方法、安排加工顺序、安排热处理、检验和其他工序等。这是制订机械加工工艺的核心。

步骤 5　确定满足各工序要求的工艺装备。

步骤 6　确定各主要工序的技术要求和检验方法。

步骤 7　确定各工序的加工余量、计算工序尺寸和公差。

步骤 8　确定切削用量。

步骤 9　确定时间定额。

步骤 10　填写工艺文件。

【思考与练习】

（1）什么是工艺过程？什么是工序？

（2）制定零件机械加工工艺的意义是什么？

（3）零件加工工艺包括哪些内容？叙述制定零件机械加工工艺的一般步骤。

附　录

附录 1　车工国家职业标准

一、职业概况

【职业名称】

车工。

【职业定义】

操作车床，进行工件旋转表面切削加工的人员。

【职业等级】

本职业共设五个等级，分别为初级（国家职业资格五级）、中级（国家职业资格四级）、高级（国家职业资格三级）、技师（国家职业资格二级）、高级技师（国家职业资格一级）。

【职业环境】

室内，常温。

【职业能力特征】

具有较强的计算能力和空间感、形体知觉及色觉，手指、手臂灵活，动作协调。

【基本文化程度】

初中毕业。

【培训要求】

1. 培训期限

全日制职业学校教育，根据其培养目标和教学计划确定。晋级培训期限：初级不少于 500 标准学时；中级不少于 400 标准学时；高级不少于 300 标准学时。

2. 培训教师

培训初、中、高级车工的教师应具有本职业技师以上职业资格证书或相关专业中级以上专业技术职务任职资格。

3. 培训场地设备

满足教学需要的标准教室，并具有车床及必要的刀具、夹具、量具和车床辅助设备等。

【鉴定要求】

1. 适用对象从事或准备从事本职业的人员。

2. 申报条件。

初级（具备以下条件之一者）：

（1）经本职业初级正规培训达规定标准学时数，并取得毕（结）业证书。

（2）在本职业连续见习工作 2 年以上。

（3）本职业学徒期满。

中级（具备以下条件之一者）：

（1）取得本职业初级职业资格证书后，连续从事本职业工作 3 年以上，经本职业中级正规培训达规定标准学时数，并取得毕（结）业证书。

（2）取得本职业初级职业资格证书后，连续从事本职业工作 5 年以上。

（3）连续从事本职业工作 7 年以上。

（4）取得经劳动保障行政部门审核认定的、以中级技能为培养目标的中等以上职业学校本职业（专业）毕业证书。

高级（具备以下条件之一者）：

（1）取得本职业中级职业资格证书后，连续从事本职业工作 4 年以上，经本职业高级正规培训达规定标准学时数，并取得毕（结）业证书。

（2）取得本职业中级职业资格证书后，连续从事本职业工作 7 年以上。

（3）取得高级技工学校或经劳动保障行政部门审核认定的、以高级技能为培养目标的高等职业学校本职业（专业）毕业证书。

（4）取得本职业中级职业资格证书的大专以上本专业或相关专业毕业生，连续从事本职业工作 2 年以上。

3. 鉴定方式

分为理论知识考试和技能操作考核。理论知识考试采用闭卷笔试方式，技能操作考核采用现场实际操作方式。理论知识考试和技能操作考核均实行百分制，成绩皆达 60 分以上者为合格。技师、高级技师鉴定还须进行综合评审。

4. 考评人员与考生配比

理论知识考试考评人员与考生配比为 1∶15，每个标准教室不少于 2 名考评人员；技能操作考核考评员与考生配比为 1∶5，且不少于 3 名考评员。

5. 鉴定时间

理论知识考试时间不少于 120 min；技能操作考核时间为：初级不少于 240 min，中级不少于 300 min，高级不少于 360 min。

6. 鉴定场所设备

理论知识考试在标准教室里进行；技能操作考核在配备必要的车床、工具、夹具、刀具、量具、量仪以及机床附件的场所进行。

二、基本要求

【职业道德】

1. 职业道德基本知识

2. 职业守则

（1）遵守法律、法规和有关规定；

（2）爱岗敬业、具有高度的责任心；

（3）严格执行工作程序、工作规范、工艺文件和安全操作规程；

（4）工作认真负责，团结合作；

（5）爱护设备及工具、夹具、刀具、量具；

（6）着装整洁，符合规定，保持工作环境清洁有序，文明生产。

【基础知识】

1. 基础理论知识

（1）识图知识；

（2）公差与配合；

（3）常用金属材料及热处理知识；

（4）常用非金属材料知识。

2. 机械加工基础知识

（1）机械传动知识；

（2）机械加工常用设备知识（分类、用途）；

（3）金属切削常用刀具知识；

（4）典型零件（主轴、箱体、齿轮等）的加工工艺；

（5）设备润滑及切削液的使用知识；

（6）工具、夹具、量具使用与维护知识。

3. 钳工基础知识

（1）划线知识；

（2）钳工操作知识（錾、锉、锯、钻、铰孔、攻螺纹、套螺纹）。

4. 电工知识

（1）通用设备常用电器的种类及用途；

（2）电力拖动及控制原理基础知识；

（3）安全用电知识。

5. 安全文明生产与环境保护知识
（1）现场文明生产要求；
（2）安全操作与劳动保护知识；
（3）环境保护知识。
6. 质量管理知识
（1）企业的质量方针；
（2）岗位的质量要求；
（3）岗位的质量保证措施与责任。
7. 相关法律、法规知识
（1）劳动法相关知识；
（2）合同法相关知识。

三、工作要求

本标准对初级、中级、高级的技能要求（见附表 1-1、附表 1-2、附表 1-3）依次递进，高级别包括低级别的要求。在“工作内容”栏内未标注“普通车床”或“数控车床”的，均为两者通用（数控车工从中级工开始，至技师为止）。

附表 1-1　车工初级要求

职业功能	工作内容	技能要求	相关知识
一、工艺准备	（一）读图与绘图	能读懂轴、套和圆锥、螺纹及圆弧等简单零件图	简单零件的表达方法，各种符号的含义
	（二）制定加工工艺	1. 能读懂轴、套和圆锥、螺纹及圆弧等简单零件的机械加工工艺过程。 2. 能制定简单零件的车削加工顺序（工步）。 3. 能合理选择切削用量。 4. 能合理选择切削液	1. 简单零件的车削加工顺序。 2. 车削用量的选择方法。 3. 切削液的选择方法
	（三）工件定位与夹紧	能使用车床通用夹具和组合夹具将工件正确定位与夹紧	1. 工件正确定位与夹紧的方法。 2. 车床通用夹具的种类、结构与使用方法
	（四）刀具准备	1. 能合理选用车床常用刀具。 2. 能刃磨普通车刀及标准麻花钻头	1. 车削常用刀具的种类与用途。 2. 车刀几何参数的定义、常用几何角度的表示方法及其与切削性能的关系。 3. 车刀与标准麻花钻头的刃磨方法
	（五）设备维护保养	能简单维护保养普通车床	普通车床的润滑及常规保养方法

续表

职业功能	工作内容	技能要求	相关知识
二、工件加工	（一）轴类零件的加工	1. 能车削3个以上台阶的普通台阶轴，并达到以下要求： （1）同轴度公差：0.05 mm； （2）表面粗糙度 *R*a3.2 μm； （3）公差等级：IT8。 2. 能进行滚花加工及抛光加工	1. 台阶轴的车削方法。 2. 滚花加工及抛光加工的方法
	（二）套类零件的加工	能车削套类零件，并达到以下要求： （1）公差等级：外径 IT7，内孔 IT8； （2）表面粗糙度 Ra3.2 μm	套类零件钻、扩、镗、铰的方法
	（三）螺纹的加工	能车削普通螺纹、英制螺纹及管螺纹	1. 普通螺纹的种类、用途及计算方法。 2. 螺纹车削方法。 3. 攻、套螺纹前螺纹底径及杆径的计算方法
	（四）锥面及成形面的加工	能车削具有内、外圆锥面工件的锥面及球类工件、曲线手柄等简单成形面，并进行相应的计算和调整	1. 圆锥的种类、定义及计算方法。 2. 圆锥的车削方法。 3. 成形面的车削方法
三、精度检验及误差分析	（一）内外径、长度、深度、高度的检验	1. 能使用游标卡尺、千分尺、内径百分表测量直径及长度。 2. 能用塞规及卡规测量孔径及外径	1. 使用游标卡尺、千分尺、内径百分表测量工件的方法。 2. 塞规和卡规的结构及使用方法
	（二）锥度及成形面的检验	1. 能用角度样板、万能角度尺测量锥度。 2. 能用涂色法检验锥度。 3. 能用曲线样板或普通量具检验成形面	1. 使用角度样板、万能角度尺测量锥度的方法。 2. 锥度量规的种类、用途及涂色法检验锥度的方法。 3. 成形面的检验方法
	（三）螺纹检验	1. 能用螺纹千分尺测量三角螺纹的中径。 2. 能用三针测量螺纹中径。 3. 能用螺纹环规及塞规对螺纹进行综合检验	1. 螺纹千分尺的结构、原理及使用、保养方法。 2. 三针测量螺纹中径的方法及千分尺读数的计算方法。 3. 螺纹环规及塞规的结构及使用方法

附表 1-2　车工中级要求

职业功能	工作内容		技能要求	相关知识
一、工艺准备	（一）读图与绘图		1. 能读懂主轴、蜗杆、丝杠、偏心轴、两拐曲轴、齿轮等中等复杂程度的零件工作图。 2. 能绘制轴、套、螺钉、圆锥体等简单零件的工作图。 3. 能读懂车床主轴、刀架、尾座等简单机构的装配图	1. 复杂零件的表达方法。 2. 简单零件工作图的画法。 3. 简单机构装配图的画法
	（二）制定加工工艺	普通车床	1. 能读懂蜗杆、双线螺纹、偏心件、两拐曲轴、薄壁工件、细长轴、深孔件及大型回转体工件等较复杂零件的加工工艺规程。 2. 能制定使用四爪单动卡盘装夹的较复杂零件、双线螺纹、偏心件、两拐曲轴、细长轴、薄壁件、深孔件及大型回转体零件等的加工顺序	使用四爪单动卡盘加工较复杂零件、双线螺纹、偏心件、两拐曲轴、细长轴、薄壁件、深孔件及大型回转体零件等的加工顺序
		数控车床	能编制台阶轴类和法兰盘类零件的车削工艺卡。主要内容有： （1）能正确选择加工零件的工艺基准； （2）能决定工步顺序、工步内容及切削参数	1. 数控车床的结构特点及其与普通车床的区别。 2. 台阶轴类、法兰盘类零件的车削加工工艺知识。 3. 数控车床工艺编制方法
	（三）工件定位与夹紧		1. 能正确装夹薄壁、细长、偏心类工件。 2. 能合理使用四爪单动卡盘、花盘及弯板装夹外形较复杂的简单箱体工件	1. 定位夹紧的原理及方法。 2. 车削时防止工件变形的方法。 3. 复杂外形工件的装夹方法
	（四）刀具准备	普通车床	1. 能根据工件材料、加工精度和工作效率的要求，正确选择刀具的形式、材料及几何参数。 2. 能刃磨梯形螺纹车刀、圆弧车刀等较复杂的车削刀具	1. 车削刀具的种类、材料及几何参数的选择原则。 2. 普通螺纹车刀、成形车刀的种类及刃磨知识
		数控车床	能正确选择和安装刀具，并确定切削参数	1. 数控车床刀具的种类、结构及特点。 2. 数控车床对刀具的要求

续表

职业功能	工作内容		技能要求	相关知识
一、工艺准备	（五）编制程序	数控车床	1. 能编制带有台阶、内外圆柱面、锥面、螺纹、沟槽等轴类、法兰盘类零件的加工程序。 2. 能手工编制含直线插补、圆弧插补二维轮廓的加工程序	1. 几何图形中直线与直线、直线与圆弧、圆弧与圆弧的交点的计算方法。 2. 机床坐标系及工件坐标系的概念。 3. 直线插补与圆弧插补的意义及坐标尺寸的计算。 4. 手工编程的各种功能代码及基本代码的使用方法。 5. 主程序与子程序的意义及使用方法。 6. 刀具补偿的作用及计算方法
	（六）设备维护保养	普通车床	1. 能根据加工需要对机床进行调整。 2. 能在加工前对普通车床进行常规检查。 3. 能及时发现普通车床的一般故障	1. 普通车床的结构、传动原理及加工前的调整。 2. 普通车床常见的故障现象
		数控车床	1. 能在加工前对车床的机、电、气、液开关进行常规检查。 2. 能进行数控车床的日常保养	1. 数控车床的日常保养方法。 2. 数控车床操作规程
二、工件加工	普通车床	（一）轴类零件的加工	能车削细长轴并达到以下要求： （1）长径比 $L/D \geqslant 25 \sim 0$； （2）表面粗糙度 $Ra3.2\ \mu m$； （3）公差等级：IT9； （4）直线度公差等级：T12～IT9	细长轴的加工方法
		（二）偏心件、曲轴的加工	能车削两个偏心的偏心件、两拐曲轴、非整圆孔工件，并达到以下要求： （1）偏心距公差等级：IT9； （2）轴颈公差等级：IT6； （3）孔径公差等级：IT7； （4）孔距公差等级：IT8； （5）轴心线平行度：0.02/100 mm； （6）轴颈圆柱度：0.013 mm； （7）表面粗糙度 $Ra1.6\ \mu m$	1. 偏心件的车削方法。 2. 两拐曲轴的车削方法。 3. 非整圆孔工件的车削方法

续表

职业功能	工作内容		技能要求	相关知识
二、工件加工	普通车床	（三）螺纹、蜗杆的加工	1. 能车削梯形螺纹、矩形螺纹、锯齿形螺纹等。 2. 能车削双头蜗杆	1. 梯形螺纹、矩形螺纹及锯齿形螺纹的用途及加工方法。 2. 蜗杆的种类、用途及加工方法
		（四）大型回转表面的加工	能使用立车或大型卧式车床车削大型回转表面的内外圆锥面、球面及其他曲面工件	在立车或大型卧式车床上加工内外圆锥面、球面及其他曲面的方法
	数控车床	（一）输入程序	1. 能手工输入程序。 2. 能使用自动程序输入装置。 3. 能进行程序的编辑与修改	1. 工输入程序的方法及自动程序输入装置的使用方法。 2. 序的编辑与修改方法
		（二）对刀	1. 能进行试切对刀。 2. 能使用机内自动对刀仪器。 3. 能正确修正刀补参数	试切对刀方法及机内对刀仪器的使用方法
		（三）试运行	能使用程序试运行、分段运行及自动运行等切削运行方式	程序的各种运行方式
		（四）简单零件的加工	能在数控车床上加工外圆、孔、台阶、沟槽等	数控车床操作面板各功能键及开关的用途和使用方法
三、精度检验及误差分析	（一）高精度轴向尺寸、理论交点尺寸及偏心件的测量		1. 能用量块和百分表测量公差等级 IT9 的轴向尺寸。 2. 能间接测量一般理论交点尺寸。 3. 能测量偏心距及两平行非整圆孔的孔距	1. 量块的用途及使用方法。 2. 理论交点尺寸的测量与计算方法。 3. 偏心距的检测方法。 4. 两平行非整圆孔孔距的检测方法
	（二）内外圆锥检验		1. 能用正弦规检验锥度。 2. 能用量棒、钢球间接测量内、外锥体	1. 正弦规的使用方法及测量计算方法。 2. 利用量棒、钢球间接测量内、外锥体的方法与计算方法
	（三）多线螺纹与蜗杆的检验		1. 能进行多线螺纹的检验。 2. 能进行蜗杆的检验	1. 多线螺纹的检验方法。 2. 蜗杆的检验方法

附表 1-3　车工高级要求

职业功能	工作内容		技能要求	相关知识
一、工艺准备	（一）读图与绘图		1. 能读懂多线蜗杆、减速器壳体、三拐以上曲轴等复杂畸形零件的工作图。 2. 能绘制偏心轴、蜗杆、丝杠、两拐曲轴的零件工作图。 3. 能绘制简单零件的轴测图。 4. 能读懂车床主轴箱、进给箱的装配图	1. 复杂畸形零件图的画法。 2. 简单零件轴测图的画法。 3. 读车床主轴箱、进给箱装配图的方法
	（二）制定加工工艺		1. 能制定简单零件的加工工艺规程。 2. 能制定三拐以上曲轴、有立体交叉孔的箱体等畸形、精密零件的车削加工顺序。 3. 能制定在立车或落地车床上加工大型、复杂零件的车削加工顺序	1. 简单零件加工工艺规程的制定方法。 2. 畸形、精密零件的车削加工顺序的制定方法。 3. 大型、复杂零件的车削加工顺序的制定方法
	（三）工件定位与夹紧	普通车床	1. 能合理选择车床通用夹具、组合夹具和调整专用夹具。 2. 能分析计算车床夹具的定位误差。 3. 能确定立体交错两孔及多孔工件的装夹与调整方法	1. 组合夹具和调整专用夹具的种类、结构、用途和特点以及调整方法。 2. 夹具定位误差的分析与计算方法。 3. 立体交错两孔及多孔工件在车床上的装夹与调整方法
		数控车床	1. 能使用、调整三爪自定心卡盘、尾座顶尖及液压高速动力卡盘并配置软爪。 2. 能正确使用和调整液压自动定心中心架。 3. 能正确选择、使用、调整刀架	1. 三爪自定心卡盘、尾座顶尖及液压高速动力卡盘的使用、调整方法。 2. 液压自动定心中心架的特点、使用及安装调试方法。 3. 刀架的种类、用途及使用、调整方法
	（四）刀具准备	普通车床	1. 能正确选用及刃磨群钻、机夹车刀等常用先进车削刀具。 2. 能正确选用深孔加工刀具，并能安装和调整。 3. 能在保证工件质量及生产效率的前提下延长车刀寿命	1. 常用先进车削刀具的用途、特点及刃磨方法。 2. 深孔加工刀具的种类及选择、安装、调整方法。 3. 延长车刀寿命的方法
		数控车床	能正确选择刀架上的常用刀具	刀架上常用刀具的知识

续表

职业功能	工作内容		技能要求	相关知识
一、工艺准备	（五）编制程序	数控车床	能手工编制较复杂的、带有二维圆弧曲面零件的车削程序	较复杂圆弧与圆弧的交点的计算方法
		普通车床	能判断车床的一般机械故障	车床常见机械故障及排除办法
	（六）设备维护保养	数控车床	1. 能阅读编程错误、超程、欠压、缺油等报警信息，并排除一般故障。 2. 能完成机床定期维护保养	1. 数控车床报警信息的内容及解除方法。 2. 数控车床定期维护保养的方法。 3. 数控车床液压原理及常用液压元件
二、工件加工	普通车床	（一）锪深孔、偏心件、曲轴的加工	能加工深孔并达到以下要求： （1）长径比：$L \geqslant D \geqslant 10$； （2）公差等级：IT8； （3）表面粗糙度 *R*a3.2 μm； （4）圆柱度公差等级：≥IT9	1. 深孔加工的特点及深孔工件的车削方法、测量方法。 2. 偏心件加工的特点及三偏心工件的车削方法、测量方法
			能车削轴线在同一轴向平面内的三偏心外圆和三偏心孔，并达到以下要求： （1）偏心距公差等级：IT9； （2）轴径公差等级：IT6； （3）孔径公差等级：IT8； （4）对称度 0.15 mm； （5）表面粗糙度：*R*a1.6 μm	
		（二）螺纹、蜗杆的加工	能车削三线以上蜗杆，并达到以下要求： （1）精度：IT9； （2）节圆跳动：0.015 mm； （3）齿面粗糙度：*R*a1.6 μm	多线蜗杆的加工方法
		（三）箱体孔的加工	1. 能车削立体交错的两孔或三孔。 2. 能车削与轴线垂直且偏心的孔。 3. 能车削同内球面垂直且相交的孔。 4. 能车削两半箱体的同心孔。	1. 车削及测量立体交错孔的方法。 2. 车削与回转轴垂直且偏心的孔的方法。

续表

<table>
<tr><th>职业功能</th><th colspan="2">工作内容</th><th>技能要求</th><th>相关知识</th></tr>
<tr><td rowspan="2">二、工件加工</td><td>普通车床</td><td>（三）箱体孔的加工</td><td>以上四项均达到以下要求：
（1）孔距公差等级：IT9；
（2）偏心距公差等级：IT9；
（3）孔径公差等级：IT9；
（4）孔中心线相互垂直：0.05 mm/100 mm；
（5）位置度：0.1 mm；
（6）表面粗糙度：Ra1.6 μm</td><td>3. 车削与内球面垂直且相交的孔的方法。
4. 车削两半箱体的同心孔的方法</td></tr>
<tr><td>数控车床</td><td>较复杂零件的加工</td><td>能加工带有二维圆弧曲面的较复杂零件</td><td>在数控车床上利用多重复合循环加工带有二维圆弧曲面的较复杂零件的方法</td></tr>
<tr><td>三、精度检验及误差分析</td><td colspan="2">复杂、畸形机械零件的精度检验及误差分析</td><td>1. 能对复杂、畸形机械零件进行精度检验。
2. 能根据测量结果分析产生车削误差的原因</td><td>1. 复杂、畸形机械零件精度的检测方法。
2. 车削误差的种类及产生原因</td></tr>
</table>

四、比重表

分为理论知识和操作技能两部分，详见附表 1-4 和附表 1-5。

附表 1-4　理论知识

<table>
<tr><th colspan="2" rowspan="2">项目</th><th rowspan="2">初级（%）</th><th colspan="2">中级（%）</th><th colspan="2">高级（%）</th></tr>
<tr><th>普通车床</th><th>数控车床</th><th>普通车床</th><th>数控车床</th></tr>
<tr><td rowspan="2">基本要求</td><td>职业道德</td><td>5</td><td>5</td><td>5</td><td>5</td><td>5</td></tr>
<tr><td>基础知识</td><td>25</td><td>25</td><td>25</td><td>20</td><td>20</td></tr>
<tr><td rowspan="3">相关知识</td><td>工艺准备</td><td>25</td><td>25</td><td>45</td><td>25</td><td>50</td></tr>
<tr><td>工件加工</td><td>35</td><td>35</td><td>15</td><td>30</td><td>15</td></tr>
<tr><td>精度检验及误差分析</td><td>10</td><td>10</td><td>10</td><td>20</td><td>10</td></tr>
<tr><td colspan="2">合计</td><td>100</td><td>100</td><td>100</td><td>100</td><td>100</td></tr>
</table>

附表 1-5　操作技能

<table>
<tr><th colspan="2" rowspan="2">项目</th><th rowspan="2">初级（%）</th><th colspan="2">中级（%）</th><th colspan="2">高级（%）</th></tr>
<tr><th>普通车床</th><th>数控车床</th><th>普通车床</th><th>数控车床</th></tr>
<tr><td rowspan="3">工作要求</td><td>工艺准备</td><td>20</td><td>20</td><td>35</td><td>15</td><td>35</td></tr>
<tr><td>工件加工</td><td>70</td><td>70</td><td>60</td><td>75</td><td>60</td></tr>
<tr><td>精度检验及误差分析</td><td>10</td><td>10</td><td>5</td><td>10</td><td>5</td></tr>
<tr><td colspan="2">合计</td><td>100</td><td>100</td><td>100</td><td>100</td><td>100</td></tr>
</table>

附录 2 实习安全记录表

实习安全记录表

<table>
<tr><td rowspan="2">班级</td><td rowspan="2"></td><td rowspan="2">姓名</td><td rowspan="2"></td><td>时间</td><td></td></tr>
<tr><td>地点</td><td></td></tr>
<tr><td>事故经过</td><td colspan="5">责任人（签字）　　年　　月　　日</td></tr>
<tr><td>事故分析</td><td colspan="5">责任人（签字）　　年　　月　　日
指导教师（签字）　　年　　月　　日</td></tr>
<tr><td>处理意见</td><td colspan="5">指导教师（签字）　　年　　月　　日</td></tr>
</table>

附录 3 实训任务评价表

附表 3-1 车工安全操作规程任务评价表

<table>
<tr><th></th><th>项目</th><th>考核内容</th><th>配分</th><th>学生自评</th><th>教师测评</th><th>得分</th></tr>
<tr><td rowspan="7">现场操作规范</td><td rowspan="7">条例背诵</td><td>职业形象（着装规范）</td><td>5</td><td></td><td></td><td></td></tr>
<tr><td>工具摆放要求</td><td>5</td><td></td><td></td><td></td></tr>
<tr><td>操作前的检查</td><td>5</td><td></td><td></td><td></td></tr>
<tr><td>操作过程中的注意事项</td><td>70</td><td></td><td></td><td></td></tr>
<tr><td>场地保洁</td><td>5</td><td></td><td></td><td></td></tr>
<tr><td>车床保养</td><td>5</td><td></td><td></td><td></td></tr>
<tr><td>操作结束的注意事项</td><td>5</td><td></td><td></td><td></td></tr>
<tr><td>评分标准</td><td colspan="6">1. 考试时间：30 min。
2. 总评成绩：现场操作规范条例 100%</td></tr>
</table>

学生（签名）： 指导教师（签名）：

年 月 日 年 月 日

附表 3-2　车床认识与操作任务评价表

项目		考核内容	配分	学生自评	教师测评	得分
现场操作规范	行为规范考核	着装与规范操作	5			
		设备维护与保养	5			
	安全文明生产	安全生产	5			
		文明生产	5			
车床操纵规范	车床的操作	开车前的检查	5			
		车床的启动与正反转操纵	5			
		溜板箱、刀架、尾座等移动部件的操纵	10			
		停车操作	10			
车床基本结构及功能认识	正确识别部件，并描述其功能	床身	5			
		床脚	5			
		主轴箱	5			
		挂轮	5			
		进给箱	5			
车床基本结构及功能认识	正确识别部件，并描述其功能	溜板箱	5			
		刀架	5			
		尾座	5			
		光杠、丝杠	5			
		附件	5			
总评成绩	现场操作规范					
	车床操纵规范					
	车床基本结构及功能认识					
	合计得分					
评分标准	1. 时间：30 min。 2. 成绩：现场操作规范 20% + 车床操纵规范 30% + 车床基本结构及功能认识 50%=100 分					

学生（签名）：　　　　　　　　　　　　　　指导教师（签名）：

年　　月　　日　　　　　　　　　　　　　　年　　月　　日

附表 3-3　车床日常保养任务评价表

<table>
<tr><th></th><th>项目</th><th>考核内容</th><th>配分</th><th>学生自评</th><th>教师测评</th><th>得分</th></tr>
<tr><td rowspan="4">现场操作规范</td><td>着 装</td><td>按照规范正确着装</td><td>10</td><td></td><td></td><td></td></tr>
<tr><td>操作规范</td><td>正确使用各手柄</td><td>10</td><td></td><td></td><td></td></tr>
<tr><td rowspan="2">安全文明生产</td><td>安全生产</td><td>10</td><td></td><td></td><td></td></tr>
<tr><td>文明生产</td><td>10</td><td></td><td></td><td></td></tr>
<tr><td rowspan="3">车床日常保养</td><td rowspan="3">正确进行日常保养</td><td>工作前</td><td>20</td><td></td><td></td><td></td></tr>
<tr><td>工作中</td><td>20</td><td></td><td></td><td></td></tr>
<tr><td>工作后</td><td>20</td><td></td><td></td><td></td></tr>
<tr><td rowspan="3">总评成绩</td><td colspan="3">现场操作规范</td><td colspan="3"></td></tr>
<tr><td colspan="3">车床日常保养</td><td colspan="3"></td></tr>
<tr><td colspan="3">合计得分</td><td colspan="3"></td></tr>
<tr><td>评分标准</td><td colspan="6">1. 时间：30 min。
2. 成绩：现场操作规范 40%＋车床日常保养 60%=100 分。
3. 现场操作规范条例以及车床日常保养的具体要求，逐条进行考核，超时 20 min 成绩无效</td></tr>
</table>

学生（签名）：　　　　　　　　　　指导教师（签名）：

年　　月　　日　　　　　　　　　　年　　月　　日

附表 3-4　工件、刀具的装夹任务评价表

<table>
<tr><th></th><th>项目</th><th>考核内容</th><th>配分</th><th>学生自评</th><th>教师测评</th><th>得分</th></tr>
<tr><td rowspan="4">现场操作规范</td><td rowspan="2">行为规范</td><td>正确着装、规范操作</td><td>2</td><td></td><td></td><td></td></tr>
<tr><td>设备维护与保养</td><td>4</td><td></td><td></td><td></td></tr>
<tr><td rowspan="2">安全文明生产</td><td>安全生产</td><td>2</td><td></td><td></td><td></td></tr>
<tr><td>文明生产</td><td>2</td><td></td><td></td><td></td></tr>
<tr><td rowspan="4">车床操纵规范</td><td rowspan="4">车床的操作</td><td>开车前的检查</td><td>5</td><td></td><td></td><td></td></tr>
<tr><td>车床的启动、正反转操纵</td><td>5</td><td></td><td></td><td></td></tr>
<tr><td>溜板箱、刀架、尾座等移动部件的操纵</td><td>5</td><td></td><td></td><td></td></tr>
<tr><td>停车操作</td><td>5</td><td></td><td></td><td></td></tr>
<tr><td>工件装夹</td><td>工件的夹持</td><td>用三爪卡盘正确夹持工件</td><td>25</td><td></td><td></td><td></td></tr>
<tr><td rowspan="3">装刀与对刀</td><td rowspan="2">车刀的装夹</td><td>刀柄应与工件轴线垂直</td><td>10</td><td></td><td></td><td></td></tr>
<tr><td>刀柄伸出方刀架的长度应小于 2 倍刀厚</td><td>10</td><td></td><td></td><td></td></tr>
<tr><td>车刀的对刀</td><td>车刀刀尖应与工件轴心等高</td><td>25</td><td></td><td></td><td></td></tr>
<tr><td rowspan="5">总评成绩</td><td colspan="2">现场操作规范</td><td colspan="4"></td></tr>
<tr><td colspan="2">车床操纵规范</td><td colspan="4"></td></tr>
<tr><td colspan="2">工件装夹</td><td colspan="4"></td></tr>
<tr><td colspan="2">装刀与对刀</td><td colspan="4"></td></tr>
<tr><td colspan="2">合计得分</td><td colspan="4"></td></tr>
<tr><td>评分标准</td><td colspan="6">1. 时间：30 min。
2. 成绩：现场操作规范 10%＋车床操纵规范 20%＋三爪卡盘夹持工件 25%＋普通车刀的装刀和对刀 25%=100 分</td></tr>
</table>

学生（签名）：　　　　　　　　　　　　指导教师（签名）：

年　月　日　　　　　　　　　　　　年　月　日

附表 3-5 常用量具的使用与保养任务评价表

	项目	考核内容	配分	学生自评	教师测评	得分
现场操作规范	行为规范	正确着装、规范操作	5			
		设备维护与保养	5			
	安全文明生产	安全生产	5			
		文明生产	5			
量具的使用	千分尺	$\phi 40_{0}^{+0.02}$ mm	10			
	游标卡尺	（70±0.2）mm	10			
	百分表	外圆跳动	15			
量具的清洁与保养	量具的清洁与保养	千分尺	15			
		游标卡尺	15			
		百分表	15			
总评成绩	现场操作规范					
	量具的使用					
	量具的清洁与保养					
	合计得分					
评分标准	1. 考试时间：30 min。 2. 总评成绩：现场操作规范 10%＋量具的使用 45%＋量具的清洁与保养 45%=100 分					

学生（签名）： 指导教师（签名）：

年 月 日 年 月 日

附表 3-6　外圆车刀刃磨任务评价表

	项目	考核内容	配分	学生自评	教师测评	得分
现场操作规范	工、量、刃、设备的使用	工具的正确使用	3			
		量具的正确使用	3			
		刃具的正确使用	3			
		设备正确操作和维护保养	8			
	工艺的制定	工艺的制定	8			
		切削用量的选择	5			
		装夹方式、方法	3			
	安全文明生产	安全生产	5			
		文明生产	2			
零件加工质量	车刀几何角度	前角 20°	8			
		主后角 5°～8°	8			
		副后角 5°～8°	8			
		主偏角 90°	8			
		副偏角 8°～12°	8			
		刃倾角 3°～5°	8			
	刀尖过渡刃	刀尖圆弧半径 0.5～1 mm	3			
	表面粗糙度倒角	前面 Ra1.6 μm	3			
		后面 Ra1.6 μm	3			
		副后面 Ra1.6 μm	3			
总评成绩	现场操作规范					
	零件加工质量					
	合计得分					
评分标准	1. 考试时间：30 min。 2. 总评成绩：现场操作规范 40%＋零件加工质量 60%=100 分。 3. 前角、主后角、副后角、主偏角、副偏角、切削刃平面度用样板检测，超差全扣；刀尖倒角、三个刀面粗糙度根据目测情况酌情扣分；超时 1 min 从总评成绩中扣 1 分，超时 20 min 成绩无效					

学生（签名）：　　　　　　　　　　　　　指导教师（签名）：

年　月　日　　　　　　　　　　　　　　年　月　日

附表 3-7　轴类零件车削任务评价表

	项目	考核内容	配分	学生自评	教师测评	得分
现场操作规范	工、量、刃、设备的使用	工具的正确使用	3			
		量具的正确使用	3			
		刃具的正确使用	3			
		设备正确操作和维护保养	8			
	工艺的制定	切削加工工艺的制定	8			
		切削用量的选择	5			
		装夹方式、方法	3			
	安全文明生产	安全生产	5			
		文明生产	2			
零件加工质量	外圆/mm	ϕ28±0.05	8			
		ϕ36±0.05	8			
		ϕ32±0.05	8			
	轴长/mm	33±0.1（2 处）	8			
		86±0.1	5			
	表面粗糙度	*R*a3.2 μm（3 处）	3			
		*R*a6.3 μm（2 处）	1			
	倒角、去毛刺	倒角 2×45°（2 处）	2			
		毛刺打磨情况	2			
	形位公差/mm	同轴度 ϕ 0.05	5			
		平行度 0.05	5			
		垂直度 0.05	5			
总评成绩	现场操作规范					
	零件加工质量					
	合计得分					
评分标准	1. 考试时间：45 min。 2. 总评成绩：现场操作规范 40%＋零件加工质量 60%=100 分。 3. 直径上超出公差范围 0.01 扣 1 分；长度上超出公差范围 0.02 扣 1 分；表面粗糙度 *R*a6.3 μm 一处不合格扣 0.5 分；*R*a3.2 μm 一处不合格扣 1 分；倒角不合格全扣；形位公差一处不合格扣该项得分；超时 5 min 从总评成绩中扣 1 分，超时 20 min 成绩无效					

学生（签名）：　　　　　　　　　　　　　　指导教师（签名）：

年　　月　　日　　　　　　　　　　　　　　年　　月　　日

附表 3-8　切断刀（切槽刀）刃磨任务评价表

	项目	考核内容	配分	学生自评	教师测评	得分
现场操作规范	工、量、刃、设备的使用	工具的正确使用	3			
		量具的正确使用	3			
		刃具的正确使用	3			
		设备正确操作和维护保养	8			
	工艺的制定	工艺的制定	8			
		切削用量的选择	5			
		装夹方式、方法	3			
	安全文明生产	安全生产	5			
		文明生产	2			
内孔车刀刃磨质量	几何角度	副后角 1°～3°	10			
		副偏角 1°～1.5°	10			
		后角 6°～8°	10			
		前角 5°～20°	10			
	倒角	刀尖倒角	5			
	形位公差	切削刃平面度	5			
	表面粗糙度	Ra1.6 μm（四个刀面）	10			
总评成绩	现场操作规范					
	零件加工质量					
	合计得分					
评分标准	1. 考试时间：30 min。 2. 总评成绩：现场操作规范 40%＋零件加工质量 60%=100 分。 3. 前角、主后角、副后角、主偏角、副偏角、切削刃平面度用样板检测，超差全扣；刀尖倒角、四个刀面粗糙度根据目测情况酌情扣分；超时 1 min 从总评成绩中扣 1 分，超时 20 min 成绩无效					

学生（签名）：　　　　　　　　　　　　指导教师（签名）：

年　月　日　　　　　　　　　　　　年　月　日

附表 3-9　外圆沟槽车削任务评价表

	项目	考核内容	配分	学生自评	教师测评	得分
现场操作规范	工、量、刃、设备的使用	工具的正确使用	3			
		量具的正确使用	3			
		刃具的正确使用	3			
		设备正确操作和维护保养	8			
	工艺的制定	切削加工工艺的制定	8			
		切削用量的选择	5			
		装夹方式、方法	3			
	安全文明生产	安全生产	5			
		文明生产	2			
零件加工质量	车外圆/mm	ϕ10±0.02	10			
		ϕ20±0.02	10			
		ϕ28±0.02	10			
	长度/mm	15±0.1	6			
		5±0.1	6			
		30±0.1	7			
	总长/mm	83±0.1	6			
	表面粗糙度	*Ra*3.2 μm（3 处）	3			
		*Ra*6.3 μm（4 处）	2			
总评成绩	现场操作规范					
	零件加工质量					
	合计得分					
评分标准	1. 考试时间：30 min。 2. 总评成绩：现场操作规范 40%＋零件加工质量 60%=100 分。 3. 直径上超出公差范围 0.01 扣 1 分；长度上超出公差范围 0.02 扣 1 分；*Ra*3.2 μm 一处不合格扣 1 分；*Ra*6.3 μm 一处不合格扣 0.5 分；倒角不合格全扣；超时 5 min 从总评成绩中扣 1 分，超时 20 min 成绩无效					

学生（签名）：　　　　　　　　　　指导教师（签名）：

年　月　日　　　　　　　　　　年　月　日

附表 3-10　圆锥零件车削任务评价表

	项目	考核内容	配分	学生自评	教师测评	得分
现场操作规范	工、量、刃、设备的使用	工具的正确使用	3			
		量具的正确使用	3			
		刃具的正确使用	3			
		设备正确操作和维护保养	8			
	工艺的制定	切削加工工艺的制定	8			
		切削用量的选择	5			
		装夹方式、方法	3			
	安全文明生产	安全生产	5			
		文明生产	2			
零件加工质量	圆锥半角	14°3′±10′	30			
	大端直径/mm	ϕ28±0.02	20			
	表面粗糙度	*Ra*3.2 μm（1 处）	10			
总评成绩	现场操作规范					
	零件加工质量					
	合计得分					
评分标准	1. 考试时间：30 min。 2. 总评成绩：现场操作规范 40%＋零件加工质量 60%=100 分。 3. 直径上超出公差范围 0.01 扣 1 分，超出 0.1 该项无分；圆锥半角超差 5′扣 1 分；表面粗糙度超差全扣；超时 5 min 从总评成绩中扣 1 分，超时 20 min 成绩无效					

学生（签名）：　　　　　　　　　　指导教师（签名）：

年　月　日　　　　　　　　　　年　月　日

附表 3-11　圆弧车刀刃磨任务评价表

	项目	考核内容	配分	学生自评	教师测评	得分
现场操作规范	工、量、刃、设备的使用	工具的正确使用	3			
		量具的正确使用	3			
		刃具的正确使用	3			
		设备正确操作和维护保养	8			
	工艺的制定	工艺的制定	8			
		切削用量的选择	5			
		装夹方式、方法	3			
	安全文明生产	安全生产	5			
		文明生产	2			
内孔车刀刃磨质量	几何角度	前角 15°～20°	15			
		主后角 6°～8°	15			
		副后角 1°～2°	10			
		副偏角 1°～2°	10			
	倒角	刀尖倒角 *R*5	2			
	形位公差	切削刃圆度	5			
	表面粗糙度	*R*a1.6 μm（三个刀面）	3			
总评成绩	现场操作规范					
	零件加工质量					
	合计得分					
评分标准	1. 考试时间：30 min。 2. 总评成绩：现场操作规范 40%＋零件加工质量 60%=100 分。 3. 前角、主后角、副后角、副偏角、切削刃平面度用样板检测，超差全扣；三个刀面粗糙度根据目测情况酌情扣分；超时 1 min 从总评成绩中扣 1 分，超时 20 min 成绩无效					

学生（签名）：　　　　　　　　　　　　　　指导教师（签名）：

年　　月　　日　　　　　　　　　　　　　　年　　月　　日

附表 3-12　成形面车削任务评价表

	项目	考核内容	配分	学生自评	教师测评	得分
现场操作规范	工、量、刃、设备的使用	工具的正确使用	3			
		量具的正确使用	3			
		刃具的正确使用	3			
		设备正确操作和维护保养	8			
	工艺的制定	切削加工工艺的制定	8			
		切削用量的选择	5			
		装夹方式、方法	3			
	安全文明生产	安全生产	5			
		文明生产	2			
零件加工质量	外圆/mm	$\phi 18 \pm 0.02$	15			
		$\phi 15 \pm 0.02$	15			
	球体/mm	$S\phi 25 \pm 0.2$	15			
	长度/mm	25 ± 0.1	4			
		30 ± 0.1	4			
		75	2			
	粗糙度	$Ra3.2\ \mu m$（2 处）	2			
		$Ra6.3\ \mu m$（2 处）	2			
	倒角	$1 \times 45°$	1			
总评成绩	现场操作规范					
	零件加工质量					
	合计得分					
评分标准	1. 考试时间：45 min。 2. 总评成绩：现场操作规范 40%＋零件加工质量 60%=100 分。 3. 直径上超出公差范围 0.01 扣 1 分，超出 0.1 该项无分；长度上超出公差范围 0.02 扣 1 分，超出 0.1 该项无分；表面粗糙度 $Ra3.2\ \mu m$ 一处不合格扣 1 分；$Ra6.3\ \mu m$ 一处不合格扣 1 分；倒角不合格全扣；超时 5 min 从总评成绩中扣 1 分，超时 20 min 成绩无效					

学生（签名）：　　　　　　　　　　　　指导教师（签名）：

年　　月　　日　　　　　　　　　　　　年　　月　　日

附表 3-13　滚花加工任务评价表

	项目	考核内容	配分	学生自评	教师测评	得分
现场操作规范	工、量、刃、设备的使用	工具的正确使用	3			
		量具的正确使用	3			
		刃具的正确使用	3			
		设备正确操作和维护保养	8			
	工艺的制定	切削加工工艺的制定	8			
		切削用量的选择	5			
		装夹方式、方法	3			
	安全文明生产	安全生产	5			
		文明生产	2			
零件加工质量	外圆/mm	$\phi38$	5			
		$\phi46$	5			
	长度/mm	46±0.1	7			
	粗糙度	*R*a3.2 μm（3 处）	3			
	花纹	网纹	40			
总评成绩	现场操作规范					
	零件加工质量					
	合计得分					
评分标准	1. 考试时间：45 min 2. 总评成绩：现场操作规范 40%＋零件加工质量 60%=100 分。 3. 直径上超出公差范围 0.01 扣 1 分，超出 0.1 该项无分；长度上超出公差范围 0.02 扣 1 分，超出 0.1 该项无分；表面粗糙度超差一处扣 1 分；超时 5 min 从总评成绩中扣 1 分，超时 20 min 成绩无效					

学生（签名）：　　　　　　　　　　　　　指导教师（签名）：

年　　月　　日　　　　　　　　　　　　　　年　　月　　日

附表 3-14　麻花钻刃磨任务评价表

	项目	考核内容	配分	学生自评	教师测评	得分
现场操作规范	工、量、刃、设备的使用	工具的正确使用	3			
		量具的正确使用	3			
		刃具的正确使用	3			
		设备正确操作和维护保养	8			
	工艺的制定	工艺的制定	8			
		切削用量的选择	5			
		装夹方式、方法	3			
	安全文明生产	安全生产	5			
		文明生产	2			
钻头刃磨质量	几何角度	顶角 118°±2°	12			
		主后角 10°～14°	12			
		横刃斜角 55°	12			
	形位公差/mm	对称度 0.1	12			
	其他	切削刃平直度	6			
	表面粗糙度	*R*a1.6 μm（两后面）	6			
总评成绩	现场操作规范					
	零件加工质量					
	合计得分					
评分标准	1. 考试时间：30 min。 2. 总评成绩：现场操作规范 40%＋零件加工质量 60%=100 分。 3. 顶角、主后角、对称度用样板检测，超差全扣；横刃斜角、切削刃平直度、两后面粗糙度根据目测情况酌情扣分；超时 1 min 从总评成绩中扣 1 分，超时 20 min 成绩无效					

学生（签名）：　　　　　　　　　　　　　　指导教师（签名）：

年　月　日　　　　　　　　　　　　　　年　月　日

附表 3-15　内孔车刀刃磨任务评价表

<table>
<tr><th></th><th>项目</th><th>考核内容</th><th>配分</th><th>学生自评</th><th>教师测评</th><th>得分</th></tr>
<tr><td rowspan="9">现场操作规范</td><td rowspan="4">工、量、刃、设备的使用</td><td>工具的正确使用</td><td>3</td><td></td><td></td><td></td></tr>
<tr><td>量具的正确使用</td><td>3</td><td></td><td></td><td></td></tr>
<tr><td>刃具的正确使用</td><td>3</td><td></td><td></td><td></td></tr>
<tr><td>设备正确操作和维护保养</td><td>8</td><td></td><td></td><td></td></tr>
<tr><td rowspan="3">工艺的制定</td><td>工艺的制定</td><td>8</td><td></td><td></td><td></td></tr>
<tr><td>切削用量的选择</td><td>5</td><td></td><td></td><td></td></tr>
<tr><td>装夹方式、方法</td><td>3</td><td></td><td></td><td></td></tr>
<tr><td rowspan="2">安全文明生产</td><td>安全生产</td><td>5</td><td></td><td></td><td></td></tr>
<tr><td>文明生产</td><td>2</td><td></td><td></td><td></td></tr>
<tr><td rowspan="8">内孔车刀刃磨质量</td><td rowspan="5">几何角度</td><td>前角 10°～30°</td><td>10</td><td></td><td></td><td></td></tr>
<tr><td>主后角 6°～10°</td><td>10</td><td></td><td></td><td></td></tr>
<tr><td>副后角 6°～12°</td><td>10</td><td></td><td></td><td></td></tr>
<tr><td>主偏角 92°～93°</td><td>10</td><td></td><td></td><td></td></tr>
<tr><td>副偏角 3°～6°</td><td>10</td><td></td><td></td><td></td></tr>
<tr><td>倒角</td><td>刀尖倒角</td><td>2</td><td></td><td></td><td></td></tr>
<tr><td>形位公差</td><td>切削刃平面度</td><td>5</td><td></td><td></td><td></td></tr>
<tr><td>表面粗糙度</td><td>Ra1.6 μm（三个刀面）</td><td>3</td><td></td><td></td><td></td></tr>
<tr><td rowspan="3">总评成绩</td><td colspan="2">现场操作规范</td><td colspan="4"></td></tr>
<tr><td colspan="2">零件加工质量</td><td colspan="4"></td></tr>
<tr><td colspan="2">合计得分</td><td colspan="4"></td></tr>
<tr><td>评分标准</td><td colspan="6">1. 考试时间：30min。
2. 总评成绩：现场操作规范 40%＋零件加工质量 60%=100 分。
3. 前角、主后角、副后角、主偏角、副偏角、切削刃平面度用样板检测，超差全扣；刀尖倒角、三个刀面粗糙度根据目测情况酌情扣分；超时 1 min 从总评成绩中扣 1 分，超时 20 min 成绩无效</td></tr>
</table>

学生（签名）：　　　　　　　　　　　　指导教师（签名）：

年　月　日　　　　　　　　　　　　年　月　日

附表 3-16　钻孔任务评价表

	项目	考核内容	配分	学生自评	教师测评	得分
现场操作规范	工、量、刃、设备的使用	工具的正确使用	3			
		量具的正确使用	3			
		刃具的正确使用	3			
		设备正确操作和维护保养	8			
	工艺的制定	切削加工工艺的制定	8			
		切削用量的选择	5			
		装夹方式、方法	3			
	安全文明生产	安全生产	5			
		文明生产	2			
零件加工质量	钻孔/mm	ϕ35	40			
	总长/mm	70	8			
	表面粗糙度	*R*a3.2 μm（2 处）	6			
		*R*a12.5 μm	3			
	去毛刺	毛刺打磨情况	3			
总评成绩	现场操作规范					
	零件加工质量					
	合计得分					
评分标准	1. 考试时间：30 min。 2. 总评成绩：现场操作规范 40%＋零件加工质量 60%=100 分。 3. 直径上超出公差范围 0.01 扣 1 分，超出 0.1 该项无分；长度上超出公差范围 0.02 扣 1 分，超出 0.1 该项无分；表面粗糙度超差一处扣 3 分；去毛刺根据目测情况酌情扣分；超时 1 min 从总评成绩中扣 1 分，超时 20 min 成绩无效					

学生（签名）：　　　　　　　　　　指导教师（签名）：

年　　月　　日　　　　　　　　　　年　　月　　日

附表 3-17　车通孔任务评价表

	项目	考核内容	配分	学生自评	教师测评	得分
现场操作规范	工、量、刃、设备的使用	工具的正确使用	3			
		量具的正确使用	3			
		刃具的正确使用	3			
		设备正确操作和维护保养	8			
	工艺的制定	切削加工工艺的制定	8			
		切削用量的选择	5			
		装夹方式、方法	3			
	安全文明生产	安全生产	5			
		文明生产	2			
零件加工质量	内孔	$\phi 40_{0}^{0.02}$ mm	40			
	倒角	1×45°	5			
	表面粗糙度	Ra3.2 μm	10			
	去毛刺	毛刺打磨情况	5			
总评成绩	现场操作规范					
	零件加工质量					
	合计得分					
评分标准	1. 考试时间：30 min。 2. 总评成绩：现场操作规范 40%＋零件加工质量 60%=100 分。 3. 直径上超出公差范围 0.01 扣 1 分，超出 0.1 该项无分；长度上超出公差范围 0.02 扣 1 分，超出 0.1 该项无分；表面粗糙度超差全扣；倒角超差全扣；去毛刺根据目测情况酌情扣分；超时 1 min 从总评成绩中扣 1 分，超时 20 min 成绩无效					

学生（签名）：　　　　　　　　　　　　　　　　指导教师（签名）：

年　　月　　日　　　　　　　　　　　　　　　　年　　月　　日

附表 3-18　车台阶孔任务评价表

	项目	考核内容	配分	学生自评	教师测评	得分
现场操作规范	工、量、刃、设备的使用	工具的正确使用	3			
		量具的正确使用	3			
		刃具的正确使用	3			
		设备正确操作和维护保养	8			
	工艺的制定	切削加工工艺的制定	8			
		切削用量的选择	5			
		装夹方式、方法	3			
	安全文明生产	安全生产	5			
		文明生产	2			
零件加工质量	内孔	$\phi 55_{0}^{0.02}$ mm	30			
		ϕ50 mm	10			
	孔长	10 mm	6			
	倒角	1×45°	5			
	表面粗糙度	*Ra*3.2 μm（2 处）	6			
	去毛刺	毛刺打磨情况	3			
总评成绩	现场操作规范					
	零件加工质量					
	合计得分					
评分标准	1. 考试时间：30 min。 2. 总评成绩：现场操作规范 40%＋零件加工质量 60%=100 分。 3. 直径上超出公差范围 0.01 扣 1 分，超出 0.1 该项无分；长度上超出公差范围 0.02 扣 1 分，超出 0.1 该项无分；表面粗糙度超差一处扣 3 分；倒角超差全扣；去毛刺根据目测情况酌情扣分；超时 1 min 从总评成绩中扣 1 分，超时 20 min 成绩无效					

学生（签名）：　　　　　　　　　　　　　　指导教师（签名）：

年　月　日　　　　　　　　　　　　　　　　年　月　日

附表 3-19　三角螺纹车刀刃磨任务评价表

	项目	考核内容	配分	学生自评	教师测评	得分
现场操作规范	工、量、刃、设备的使用	工具的正确使用	3			
		量具的正确使用	3			
		刃具的正确使用	3			
		设备正确操作和维护保养	8			
	工艺的制定	工艺的制定	8			
		切削用量的选择	5			
		装夹方式、方法	3			
	安全文明生产	安全生产	5			
		文明生产	2			
三角外螺纹车刀刃磨质量	几何角度	刀尖角 60°	20			
		前角 5°～20°	10			
		主后角 4°～8°	10			
		副后角 3°～6°	10			
	倒角	刀尖倒角	2			
	形位公差	切削刃平面度	5			
	表面粗糙度	$Ra1.6\ \mu m$（三个刀面）	3			
总评成绩	现场操作规范					
	零件加工质量					
	合计得分					
评分标准	1. 考试时间：30 min。 2. 总评成绩：现场操作规范 40%＋零件加工质量 60%=100 分。 3. 前角、主后角、副后角、切削刃平面度用样板检测，超差全扣；刀尖倒角、三个刀面粗糙度根据目测情况酌情扣分；超时 1 min 从总评成绩中扣 1 分，超时 20 min 成绩无效					

学生（签名）：　　　　　　　　　　　　　　指导教师（签名）：

年　　月　　日　　　　　　　　　　　　　　年　　月　　日

附表 3-20　普通三角螺纹车削任务评价表

	项目	考核内容	配分	学生自评	教师测评	得分
现场操作规范	工、量、刃、设备的使用	工具的正确使用	3			
		量具的正确使用	3			
		刃具的正确使用	3			
		设备正确操作和维护保养	8			
	工艺的制定	切削加工工艺的制定	8			
		切削用量的选择	5			
		装夹方式、方法	3			
	安全文明生产	安全生产	5			
		文明生产	2			
零件加工质量	外圆/mm	$\phi 13\pm0.02$	8			
		$\phi 12\pm0.02$	8			
	螺纹	M16×2	20			
	长度/mm	20±0.1	4			
		28±0.1	4			
		15	2			
		73	3			
	粗糙度	*R*a3.2 μm（2 处）	4			
		*R*a6.3 μm（3 处）	3			
	倒角	1×45°（2 处）	4			
总评成绩	现场操作规范					
	零件加工质量					
	合计得分					
评分标准	1. 考试时间：45 min。 2. 总评成绩：现场操作规范 40%＋零件加工质量 60%=100 分。 3. 直径上超出公差范围 0.01 扣 1 分；长度上超出公差范围 0.02 扣 1 分；螺纹不合格全扣；表面粗糙度 *R*a3.2 μm 一处不合格扣 2 分，*R*a6.3 μm 一处不合格扣 1 分；倒角不合格一处扣 2 分；超时 5 min 从总评成绩中扣 1 分，超时 20 min 成绩无效					

学生（签名）：　　　　　　　　　　　　　　　指导教师（签名）：

年　　月　　日　　　　　　　　　　　　　　　年　　月　　日

附表 3-21　套牙与攻丝任务评价表

	项目	考核内容	配分	学生自评	教师测评	得分
现场操作规范	工、量、刃、设备的使用	工具的正确使用	3			
		量具的正确使用	3			
		刃具的正确使用	3			
		设备正确操作和维护保养	8			
	工艺的制定	切削加工工艺的制定	8			
		切削用量的选择	5			
		装夹方式、方法	3			
	安全文明生产	安全生产	5			
		文明生产	2			
零件加工质量	长度	30 mm	10			
	攻丝	M12	30			
	粗糙度	*Ra*3.2 μm（1 处）	5			
		*Ra*6.3 μm（2 处）	5			
	倒角	1×45°（2 处）	10			
总评成绩	现场操作规范					
	零件加工质量					
	合计得分					
评分标准	1. 考试时间：30 min。 2. 总评成绩：现场操作规范 40%＋零件加工质量 60%=100 分。 3. 内螺纹超差全扣；直径上超出公差范围 0.01 扣 1 分；长度上超出公差范围 0.02 扣 1 分；表面粗糙度 *Ra*3.2 μm 一处不合格全扣；*Ra*6.3 μm 一处不合格扣 2.5 分；倒角不合格一处扣 5 分；超时 5 min 从总评成绩中扣 1 分，超时 20 min 成绩无效					

学生（签名）：　　　　　　　　　　　　　　指导教师（签名）：

年　月　日　　　　　　　　　　　　　　年　月　日

附表 3-22　梯形螺纹车削任务评价表

	项目	考核内容	配分	学生自评	教师测评	得分
现场操作规范	工、量、刃、设备的使用	工具的正确使用	4			
		量具的正确使用	4			
		刃具的正确使用	4			
		设备正确操作和维护保养	10			
	工艺的制定	切削加工工艺的制定	10			
		切削用量的选择	6			
		装夹方式、方法	2			
	安全文明生产	安全生产	5			
		文明生产	2			
零件加工质量	外圆	$\phi34_{-0.1}^{0}$ mm	5			
	梯形螺纹	Tr32×6-7e	40			
	总长	100 mm	5			
	退刀槽	6×4	5			
	粗糙度	$Ra1.6$ μm	5			
总评成绩	现场操作规范					
	零件加工质量					
	合　计　得　分					
评分标准	1. 考试时间：60 min。 2. 总评成绩：现场操作规范 40%＋零件加工质量 60%=100 分。 3. 直径上超出公差范围 0.01 扣 1 分；长度上超出公差范围 0.02 扣 1 分；表面粗糙度超差酌情扣分；螺纹超差全扣；超时 5 min 从总评成绩中扣 1 分，超时 20 min 成绩无效					

学生（签名）：　　　　　　　　　　　　　　　　指导教师（签名）：

年　　月　　日　　　　　　　　　　　　　　　　年　　月　　日

附表 3-23　复合零件加工任务评价表

	项目	考核内容	配分	学生自评	教师测评	得分
现场操作规范	工、量、刃、设备的使用	工具的正确使用	1			
		量具的正确使用	1			
		刃具的正确使用	1			
		设备正确操作和维护保养	2			
	工艺的制定	切削加工工艺的制定	5			
		切削用量的选择	2			
		装夹方式、方法	1			
	安全文明生产	安全生产	1			
		文明生产	1			
零件加工质量	外螺纹	M20×1.5-6g	8			
		牙两侧 $Ra3.2\ \mu m$	4			
	外圆及半球/mm	$\phi 15^{0}_{-0.05}$	6			
		$R7.5^{0}_{-0.1}$	8			
		$\phi 30^{+0.04}_{0}$（两处）	8			
	锥体	18°25′±10′	6			
		5	2			
	切槽/mm	$\phi 17^{0}_{-0.1}$	4			
		$5^{+0.1}_{0}$	3			
		$\phi 26^{+0.03}_{-0.03}$	7			
		$5^{+0.1}_{0}$	3			
	内螺纹	M12-6g	6			
	表面粗糙度	$Ra1.6\ \mu m$（4处）	2			
		$Ra3.2\ \mu m$（4处）	2			
	倒角	2×45°	1			
	总长	$66^{+0.1}_{-0.1}$ mm	3			
	形位公差	同轴度（2处）	8			
		垂直度（1处）	4			
总评成绩	现场操作规范					
	零件加工质量					
	合计得分					
评分标准	1. 考试时间：180 min。 2. 总评成绩：现场操作规范 15%＋零件加工质量 85%=100 分。 3. 直径上超出公差范围 0.01 扣 1 分；长度上超出公差范围 0.02 扣 1 分；圆锥半角超差 5′扣 1 分；表面粗糙度 $Ra1.6\ \mu m$ 一处不合格扣 0.5 分；$Ra3.2\ \mu m$ 一处不合格扣 0.5 分；倒角不合格全扣；形位公差一处不合格扣 4 分；超时 5 min 从总评成绩中扣 1 分，超时 20 min 成绩无效					

学生（签名）：　　　　　　　　　　　　　　　　指导教师（签名）：

年　月　日　　　　　　　　　　　　　　　　　　年　月　日

参考文献

[1] 蒋增福．车工工艺与技能训练[M]．2版．北京：高等教育出版社，2004.
[2] 肖俭．车工工艺[M]．北京：中国劳动社会保障出版社，2008.
[3] 董国成．车工工艺与技能训练[M]．北京：人民邮电出版社，2009.
[4] 葛志凯．车工工艺与技能训练[M]．北京：科学出版社，2011.
[5] 唐监怀．车工工艺与技能训练[M]．北京：中国劳动社会保障出版社，2011.
[6] 吴细辉．车工工艺与技能训练[M]．北京：机械工业出版社，2013.
[7] 王公安．车工工艺学[M]．5版．北京：中国劳动社会保障出版社，2014.
[8] 曾玲，肖凤梅．车工工艺与技能实训[M]．北京：航空工业出版社，2015.
[9] 刘志，董雪峰，康占武．车工工艺与技能训练[M]．北京：清华大学出版社，2016.
[10] 李德刚，马伟．车工工艺与技能训练[M]．重庆：重庆大学出版社，2016.
[11] 张振乐，刘月辉．车工工艺学[M]．北京：北京希望电子出版社，2017.
[12] 李德富，李贞权．车工工艺与技能训练[M]．北京：机械工业出版社，2018.
[13] 曾显跃，李定群，高鸿宽．车工工艺与技能训练[M]．2版．重庆：重庆大学出版社，2019.
[14] 方洋洲．车工工艺与技能训练[M]．杭州：浙江大学出版社，2019.